总 目 次

上 册

中 册

下 册

下册目次

总说明

一、本定额分为土方工程、石方工程、砌石工程、钻孔灌浆及锚固工程、模板工程、混凝土工程、生态恢复工程、其他工程、临时工程、材料运输,共10章及附录。

二、本定额适用于地质灾害防治工程项目、矿山地质环境恢复治理项目和地质遗迹保护项目等,是编制工程估算、概算、预算、招标控制价和竣工结算的依据。

三、本定额适用于海拔小于或等于2 000 m地区的工程项目。海拔大于2 000 m的地区,根据地质灾害防治工程所在地的海拔及规定的调整系数计算。海拔以地质灾害防治工程治理措施的高海拔为准。一个建设项目,可采用多个调整系数(表0-1)。

表0-1 高原地区人工、机械定额调整系数表

项目	海拔/m					
	2 000~2 500	2 500~3 000	3 000~3 500	3 500~4 000	4 000~4 500	4 500~5 000
人工	1.10	1.15	1.20	1.25	1.30	1.35
机械	1.25	1.35	1.45	1.55	1.65	1.75

四、本定额不包括冬雨季和特殊地区气候影响施工的因素及增加的设施费用。

五、本定额按一日三班作业施工、每班8.0 h工作制拟定。若部分工程项目采用一日一班或两班制,定额不作调整。

六、本定额的"工作内容",仅扼要说明各章节的主要施工过程及工序。次要的施工过程及工序和必要的辅助工作所需的人工、材料、机械也已包括在定额内。

七、本定额人工以"工时"、机械以"台(组)时"为计量单位。定额中人工、机械用量是指完成一个定额子目内容所需的全部人工和机械,包括基本工作,准备与结束,辅助生产,不可避免的中断,必要的休息,工程检查,交接班,班内工作干扰,夜间施工工效影响,常用工具和机械的维修、保养、加油、加水等全部工作。

八、定额中人工是指完成该定额子目工作内容所需的人工耗用量,包括基本用工和辅助用工。

九、材料消耗定额(含其他材料费、零星材料费)是指完成一个定额子目工作内容所需的全部材料耗用量。

1. 材料定额中,未列示品种、规格的,可根据设计选定的品种、规格计算,但定额数量不得调整。凡材料已列示了品种、规格的,编制预算单价时不予调整。

2. 材料定额中,凡一种材料分几种型号规格与材料名称同时并列的,则表示这些名称相同、规格不同的材料都应同时计价。

3. 其他材料费和零星材料费是指完成一个定额子目的工作内容所必需的未列量材料费。如工作面内高度小于5.0 m的脚手架、排架、操作平台等的摊销费,地下工程的照明费,混凝土工程的养护材料,石方工程的钻杆、空心钢等以及其他用量较少的材料。

4. 工作面50 m范围内的材料场内运输所需的人工、机械及费用,已包括在各定额子目中。

十、机械台时定额(含其他机械费)是指完成一个定额子目工作内容所需的主要机械及次要辅助机械使用费。

1. 机械定额中,凡数量以"组时"表示的,均按设计选定计算,定额数量不予调整。

2. 机械定额中,凡一种机械分几种型号规格与机械名称同时并列的,表示这些名称相同、规格不同的机械定额都应同时进行计价。

3. 其他机械费是指完成一个定额子目工作内容所必需的次要机械使用费,如混凝土浇筑现场运输中的次要机械。

十一、本定额中其他材料费、零星材料费、其他机械费均以费率形式表示,其计算基数如下:①其他材料费,以主要材料费之和为计算基数;②零星材料费,以人工费、机械费之和为计算基数;③其他机械费,以主要机械费之和为计算基数。

十二、定额用数字表示的适用范围:①只用一个数字表示的,仅适用于该数字本身。当需要选用的定额介于两子目之间时,可用插入法计算;②数字用上下限表示的,如2 000～2 500,适用于大于2 000、小于或等于2 500的数字范围。

十三、各章的挖掘机定额均按液压挖掘机拟定。

十四、除第10章外的各章汽车运输定额,适用于地质灾害防治工程施工路况10 km以内的运输。运距超过10 km时,超过部分按增运1.0 km的台时数乘以0.75的系数计算。

十五、本定额中的人力运输定额,如在有坡度的施工场地运输,应按实际斜距乘以坡度折平系数(表0-2、表0-3)调整折算为该段水平距离长度。

表0-2 人力搬、背、挑运、骡马运输折算系数

项目	上坡		下坡	
	5°～30°	>30°	16°～30°	>30°
系数/%	1.8	3.5	1.3	1.9

表0-3 人力胶轮车运输折算系数

项目	上坡		下坡	
	3°～10°	>10°	≤10°	>10°
系数/%	2.5	4.0	1.0	2.0

十六、本定额均以工程设计几何轮廓尺寸进行计算的工程量为计量单位,即由完成每一有效单位实体所消耗的人工、材料、机械的数量定额组成。不构成实体的超挖及超填量、施工附加量未计入定额。

十七、各定额章节说明或附注有关的定额的调整系数,除注明外,一般均按连乘计算。

十八、本定额混凝土、水泥砂浆标号分别采用C20(粗砂、卵石、2级配、水泥32.5)、M7.5,如涉及规定的混凝土和砂浆标号与定额不同时可换算,但定额人工、机械数量不变。所有混凝土、砂浆相关定额中不包含混凝土拌制、混凝土运输、砂浆拌制和砂浆运输,计算时按设计建议的拌制和运输方式选用相应定额。

十九、本定额中的"工料机代号"系编制概算采用计算机计算时人工、材料、机械名称识别的符号,不可随意变动。编制补充定额时,遇新增材料或机械名称,可取相近品种材料或机械代号间的空号代替。

5 模板工程

说 明

一、本章包括平面模板、曲面模板、异形模板、滑模、钢模台车等模板定额，共24节。适用于各种建筑物现浇混凝土模板。

二、模板定额的计量单位“100 m^2”为立模面面积，即混凝土与模板的接触面积。

三、立模面面积的计量，除有其他说明外，应按满足建筑物体形及施工分缝要求所需的立模面计算。

四、模板定额的工作内容如下。

1. 木模板制作：板条锯断、刨光、裁口，骨架（或圆弧板带）锯断、刨光，板条骨架拼钉，板面刨光、修正。

2. 木立柱、围令制作：枋木锯断、刨平、打孔。

3. 木桁（排）架制作：枋木锯断、凿榫、打孔，砍刨拼装，上螺栓、夹板。

4. 钢架制作：型材下料、切割、打孔、组装、焊接。

5. 预埋铁件制作：拉筋切断、弯曲、套扣，型材下料、切割、组装、焊接。

6. 模板运输：包括模板、立柱、围令及桁（排）架等，自工地加工厂或存放场运输至安装工作面。铁件和混凝土柱（预制混凝土柱）均按成品预算价格计算。

五、模板材料均按预算消耗量计算，包括制作、安装、拆除、维修的损耗和消耗，并考虑周转和回收。

六、模板定额中的材料，除模板本身外，还包括支撑模板的立柱、围令、桁（排）架及铁件等。对于悬空建筑物（如渡槽槽身）的模板，计算到支撑模板结构的承重梁（或枋木）为止，承重梁以下的支撑结构未包括在本定额内。

七、滑模定额中的材料仅包括轨面以下的材料，即轨道和安装轨道所用的埋件、支架和铁件。钢模台车定额中未计入轨面以下部分，轨道和安装轨道所用的埋件等应计入其他临时工程。滑模、针梁模板和钢模台车的行走机构、构架、模板及其支撑型钢，为拉滑模板或台车行走及支立模板所配备的电动机、卷扬机、千斤顶等动力设备，均作为整体设备以工作台时计入定额。

八、坝体廊道模板，均采用一次性（一般为建筑物结构的一部分）预制混凝土模板。预制混凝土模板材料量按工程实际需要计算，其预制、安装直接套用相应的混凝土预制定额和预制混凝土构件安装定额。

九、工程量计算规则。

5-1 悬臂组合钢模板

工作内容：钢架制作、面板拼装，预埋铁件制作，模板运输；模板安装、拆除、除灰、刷脱模剂，维修、倒仓。

适合范围：各种混凝土坝的直立平面、倾斜平面及坝体纵、横缝键槽。

单位：100 m²

定额编号			D050001	D050002
项目			制作	安装、拆除
名称	单位	代号	数量	
人工	工时	11010	47.50	96.20
型钢	kg	20037	484.83	—
电焊条	kg	22009	10.67	3.74
组合钢模板	kg	44004	99.52	—
卡扣件	kg	44002	16.87	—
铁件	kg	22062	25.54	—
铁件及预埋铁件	kg	22063	—	229.82
其他材料费	%	11997	2.00	5.00
载重汽车 载重量 5.0 t	台时	03004	0.35	—
汽车起重机 起重量 8.0 t	台时	04087	—	8.97
电焊机 交流 25 kVA	台时	09132	7.86	2.01
钢筋弯曲机 ϕ6～ϕ40	台时	09149	0.31	—
切断机 功率 20 kW	台时	09152	0.12	—
型钢剪断机 功率 13 kW	台时	09154	0.95	—
其他机械费	%	11999	5.00	15.00

注 1：向仓内倾斜的立模面，“安装、拆除”每 100 m² 立模面，人工和汽车起重机定额乘以 1.15 的系数。

注 2：用于坝体纵、横缝键槽部位时，“制作”人工、材料、机械乘以 1.1 的系数；“安装、拆除”人工和设备乘以 1.25 的系数。

注 3：坝体纵、横缝键槽立模面面积计算，按各立模面在竖直平面上的投影面积计算（即与无键槽的纵、横缝立模面面积计算相同）。

5-2 普通标准钢模板

工作内容：预埋铁件制作、模板运输；模板安装、拆除、除灰、刷脱模剂，维修、倒仓，拉筋割断。
适合范围：直墙、挡土墙、防浪墙、闸墩、底板、趾板、柱、梁、板等。

单位：100 m^2

定额编号			D050003	D050004
项目			制作	安装、拆除
名称	单位	代号	数量	
人工	工时	11010	10.30	183.40
预制混凝土柱	m^3	23035	—	0.28
型钢	kg	20037	43.02	—
电焊条	kg	22009	0.50	1.98
组合钢模板	kg	44004	80.23	—
卡扣件	kg	44002	25.54	—
铁件	kg	22062	1.51	—
铁件及预埋铁件	kg	22063	—	121.68
其他材料费	%	11997	2.00	2.00
载重汽车 载重量 5.0 t	台时	03004	0.36	—
汽车起重机 起重量 5.0 t	台时	04085	—	8.51
电焊机 交流 25 kVA	台时	09132	0.71	2.01
切断机 功率 20 kW	台时	09152	0.06	—
其他机械费	%	11999	5.00	5.00

注1：底板、趾板为岩石基础时，“安装、拆除”人工乘以1.2的系数，其他材料费按8%计算。

注2：用于混凝土柱、梁、板时，“安装、拆除”材料预埋铁件由121.68kg改为28.68kg，“安装、拆除”人工乘以1.25的系数。

5-3 普通平面木模板

工作内容:模板制作,立柱、围令制作,预埋铁件制作,模板运输;模板安装、拆除、除灰、刷脱模剂,维修、倒仓,拉筋割断。

适合范围:各种混凝土坝的直立面、斜面,混凝土墙、墩等。

单位:100 m^2

定额编号			D050005	D050006
项目			制作	安装、拆除
名称	单位	代号	数量	
人工	工时	11010	61.00	153.20
预制混凝土柱	m^3	23035	—	0.99
锯材	m^3	24003	2.26	—
电焊条	kg	22009	—	5.12
铁钉	kg	22061	4.26	1.17
铁件	kg	22062	20.77	—
铁件及预埋铁件	kg	22063	—	313.25
铁丝	kg	20033	—	1.04
其他材料费	%	11997	2.00	2.00
载重汽车 载重量 5.0 t	台时	03004	1.64	—
汽车起重机 起重量 5.0 t	台时	04085	—	11.60
电焊机 交流 25 kVA	台时	09132	—	6.57
钢筋弯曲机 ϕ6～ϕ40	台时	09149	0.43	—
切断机 功率 20 kW	台时	09152	0.16	—
木工加工机械 圆盘锯	台时	09208	4.56	—
木工双面刨床	台时	09210	3.84	—
其他机械费	%	11999	5.00	5.00
注:应优先选用钢模板,不适宜采用钢模板或采用木模板费用更低时可采用本定额。				

5-4 普通曲面模板

工作内容：钢架制作、面板拼装，预埋铁件制作，模板运输；模板安装、拆除、除灰、刷脱模剂，维修、倒仓，拉筋割断。

适合范围：混凝土墩头、进水口侧和下收缩曲面等弧形柱面。

单位：100 m^2

定额编号			D050007	D050008
项目			制作	安装、拆除
名称	单位	代号	数量	
人工	工时	11010	60.30	270.90
锯材	m^3	24003	0.34	—
型钢	kg	20037	490.45	—
电焊条	kg	22009	10.80	5.70
组合钢模板	kg	44004	104.49	—
卡扣件	kg	44002	42.27	—
铁件	kg	22062	35.40	—
铁件及预埋铁件	kg	22063	—	353.39
其他材料费	%	11997	2.00	2.00
载重汽车 载重量 5.0 t	台时	03004	0.42	—
汽车起重机 起重量 8.0 t	台时	04087	—	12.60
电焊机 交流 25 kVA	台时	09132	7.97	2.00
钢筋弯曲机 ϕ6～ϕ40	台时	09149	0.48	—
切断机 功率 20 kW	台时	09152	0.18	—
型钢剪断机 功率 13 kW	台时	09154	0.95	—
型材弯曲机	台时	09156	1.49	—
其他机械费	%	11999	5.00	10.00

5-5 进水口上部收缩曲面模板

工作内容：钢架制作、面板拼装，预埋铁件制作，模板运输；模板安装、拆除、除灰、刷脱模剂，维修、倒仓，拉筋割断。

适合范围：进水口上部收缩曲面。

单位：100 m^2

定额编号			D050009	D050010
项目			制作	安装、拆除
名称	单位	代号	数量	
人工	工时	11010	65.60	416.00
锯材	m^3	24003	0.34	—
型钢	kg	20037	742.71	—
电焊条	kg	22009	10.82	5.75
组合钢模板	kg	44004	104.91	—
卡扣件	kg	44002	167.85	—
铁件	kg	22062	35.25	—
铁件及预埋铁件	kg	22063	—	247.61
其他材料费	%	11997	2.00	2.00
载重汽车 载重量 5.0 t	台时	03004	0.51	—
汽车起重机 起重量 8.0 t	台时	04087	—	17.84
电焊机 交流 25 kVA	台时	09132	12.04	2.02
钢筋弯曲机 $\phi6 \sim \phi40$	台时	09149	0.33	—
切断机 功率 20 kW	台时	09152	0.13	—
型钢剪断机 功率 13 kW	台时	09154	1.44	—
型材弯曲机	台时	09156	1.49	—
其他机械费	%	11999	5.00	10.00
注：进水口下、侧收缩曲面采用“普通曲面模板”定额。				

5-6 坝体孔洞顶面模板

工作内容：预埋铁件制作、模板运输；模板及排架安装、拆除，模板除灰、刷脱模剂，维修、倒仓，拉筋割断。

适合范围：坝体孔洞顶部平面模板。

单位：100 m^2

定额编号			D050011	D050012
项目			制作	安装、拆除
名称	单位	代号	数量	
人工	工时	11010	9.60	357.20
型钢	kg	20037	316.04	—
电焊条	kg	22009	1.13	1.98
组合钢模板	kg	44004	75.86	—
卡扣件	kg	44002	167.28	—
铁件	kg	22062	1.51	—
铁件及预埋铁件	kg	22063	—	85.39
其他材料费	%	11997	2.00	2.00
载重汽车 载重量 5.0 t	台时	03004	0.25	—
汽车起重机 起重量 8.0 t	台时	04087	—	15.22
电焊机 交流 25 kVA	台时	09132	5.13	2.01
钢筋弯曲机 $\phi6 \sim \phi40$	台时	09149	0.12	—
切断机 功率 20 kW	台时	09152	0.04	—
型钢剪断机 功率 13 kW	台时	09154	0.61	—
其他机械费	%	11999	5.00	5.00

5-7 键槽模板

工作内容:模板制作、预埋铁件制作、模板运输;模板安装、拆除、除灰、刷脱模剂,维修。
适合范围:混凝土零星键槽。

单位:100 m^2

定额编号			D050013	D050014
项目			制作	安装、拆除
名称	单位	代号	数量	
人工	工时	11010	69.40	147.90
锯材	m^3	24003	2.02	—
铁钉	kg	22061	38.85	1.19
其他材料费	%	11997	2.00	2.00
载重汽车 载重量 5.0 t	台时	03004	0.54	—
汽车起重机 起重量 5.0 t	台时	04085	—	2.01
木工加工机械 圆盘锯	台时	09208	4.17	—
木工双面刨床	台时	09210	4.58	—
其他机械费	%	11999	5.00	5.00

注1:键槽模板"安装、拆除"定额以拼装在该部位的平面模板上为准。
注2:键槽部位平面模板的立模面积计算,不扣除被键槽模板遮盖的面积。
注3:混凝土坝纵、横缝键槽模板见5-1悬臂组合钢模板。

5-8 牛腿模板

工作内容:钢围令及钢支架制作、预埋铁件制作、模板运输;钢支架安装,模板安装、拆除、除灰、刷脱模剂,维修、倒仓,拉筋割断。

适合范围:坝顶混凝土牛腿,坝前进水孔口、平台等的混凝土牛腿。

单位:100 m^2

定额编号			D050015	D050016
项目			制作	安装、拆除
名称	单位	代号	数量	
人工	工时	11010	222.20	377.70
型钢	kg	20037	220.27	—
电焊条	kg	22009	56.42	27.57
组合钢模板	kg	44004	63.27	—
卡扣件	kg	44002	18.20	—
铁件	kg	22062	4.27	—
铁件及预埋铁件	kg	22063	—	3 289.87
其他材料费	%	11997	2.00	2.00
载重汽车 载重量 5.0 t	台时	03004	2.42	—
汽车起重机 起重量 8.0 t	台时	04087	—	25.74
电焊机 交流 25 kVA	台时	09132	47.02	26.12
钢筋弯曲机 $\phi 6 \sim \phi 40$	台时	09149	3.25	—
切断机 功率 20 kW	台时	09152	1.24	—
型钢剪断机 功率 13 kW	台时	09154	8.21	—
其他机械费	%	11999	5.00	15.00

5-9 矩形渡槽槽身模板

工作内容：木模板制作、预埋铁件制作、模板运输；模板安装、拆除、除灰、刷脱模剂，维修、倒仓，拉筋割断。

适合范围：矩形渡槽槽身。

单位：100 m^2

定额编号			D050017	D050018
项目			制作	安装、拆除
名称	单位	代号	数量	
人工	工时	11010	22.20	259.80
预制混凝土柱	m^3	23035	—	0.06
锯材	m^3	24003	0.24	—
型钢	kg	20037	70.13	—
电焊条	kg	22009	0.50	1.01
组合钢模板	kg	44004	74.71	—
卡扣件	kg	44002	39.49	—
铁件	kg	22062	7.93	—
铁件及预埋铁件	kg	22063	—	62.12
其他材料费	%	11997	2.00	2.00
载重汽车 载重量 5.0 t	台时	03004	0.23	—
汽车起重机 起重量 5.0 t	台时	04085	—	9.78
电焊机 交流 25 kVA	台时	09132	1.15	2.02
切断机 功率 20 kW	台时	09152	0.03	—
型钢剪断机 功率 13 kW	台时	09154	0.14	—
木工加工机械 圆盘锯	台时	09208	0.38	—
木工双面刨床	台时	09210	0.40	—
其他机械费	%	11999	5.00	5.00

5－10 箱形渡槽槽身模板

工作内容：木模板制作、预埋铁件制作、模板运输；模板安装、拆除、除灰、刷脱模剂，维修、倒仓，拉筋割断。

适合范围：箱形渡槽槽身。

单位：100 m^2

定额编号			D050019	D050020
项目			制作	安装、拆除
名称	单位	代号	数量	
人工	工时	11010	18.90	277.90
预制混凝土柱	m^3	23035	—	0.05
锯材	m^3	24003	0.26	—
型钢	kg	20037	70.05	—
电焊条	kg	22009	0.50	0.80
组合钢模板	kg	44004	75.04	—
卡扣件	kg	44002	39.54	—
铁件	kg	22062	3.15	—
铁件及预埋铁件	kg	22063	—	49.77
其他材料费	%	11997	2.00	2.00
载重汽车 载重量 5.0 t	台时	03004	0.22	—
汽车起重机 起重量 5.0 t	台时	04085	—	11.46
电焊机 交流 25 kVA	台时	09132	1.13	2.02
钢筋弯曲机 $\phi6\sim\phi40$	台时	09149	0.07	—
切断机 功率 20 kW	台时	09152	0.03	—
型钢剪断机 功率 13 kW	台时	09154	0.14	—
木工加工机械 圆盘锯	台时	09208	0.42	—
木工双面刨床	台时	09210	0.44	—
其他机械费	%	11999	5.00	5.00

5-11 U形渡槽槽身模板

工作内容：木模板制作、钢支架制作、预埋铁件制作、模板运输；模板及钢支架安装、拆除，模板除灰、刷脱模剂，维修、倒仓，拉筋割断。

适合范围：U形渡槽槽身。

单位：100 m^2

定额编号			D050021	D050022
项目			制作	安装、拆除
名称	单位	代号	数量	
人工	工时	11010	34.70	355.90
锯材	m^3	24003	0.32	—
型钢	kg	20037	126.20	—
电焊条	kg	22009	1.65	0.69
组合钢模板	kg	44004	73.56	—
卡扣件	kg	44002	27.96	—
铁件	kg	22062	62.26	—
铁件及预埋铁件	kg	22063	—	41.79
其他材料费	%	11997	2.00	2.00
载重汽车 载重量 5.0 t	台时	03004	0.23	—
汽车起重机 起重量 5.0 t	台时	04085	—	13.01
电焊机 交流 25 kVA	台时	09132	2.04	2.00
钢筋弯曲机 $\phi6 \sim \phi40$	台时	09149	0.06	—
切断机 功率 20 kW	台时	09152	0.02	—
型钢剪断机 功率 13 kW	台时	09154	0.24	—
木工加工机械 圆盘锯	台时	09208	0.53	—
木工双面刨床	台时	09210	0.51	—
其他机械费	%	11999	5.00	5.00

5-12 圆形隧洞衬砌木模板

工作内容：木模板制作、木排架制作、预埋铁件制作、模板运输。

适合范围：圆形隧洞及渐变段混凝土衬砌。

单位：100 m^2

定额编号			D050023	D050024	D050025
项目			制作		
			曲面	堵头	键槽
名称	单位	代号	数量		
人工	工时	11010	120.80	88.70	63.20
锯材	m^3	24003	3.57	2.65	1.92
铁钉	kg	22061	20.03	7.25	8.05
铁件	kg	22062	234.49	58.81	56.51
其他材料费	%	11997	2.00	2.00	2.00
载重汽车 载重量 5.0 t	台时	03004	1.19	0.72	0.53
木工加工机械 圆盘锯	台时	09208	6.00	4.29	3.23
小型带锯	台时	09219	1.41	—	—
木工双面刨床	台时	09210	5.52	3.75	2.81
其他机械费	%	11999	5.00	5.00	5.00

注 1：用于渐变段“曲面”模板“制作”时，人工、材料、机械乘以 1.3 的系数。

注 2：当隧洞直径(衬砌后)小于 5.0 m 时，“制作”定额乘以 0.9 的系数。

注 3：应优先选用钢模板，不适宜采用钢模板或采用木模板费用更低时可采用本定额。

工作内容：模板及排架安装、拆除，模板除灰、刷脱模剂，维修、倒仓，拉筋割断。

单位：100 m^2

定额编号			D050026	D050027	D050028
项目			安装、拆除		
			曲面	堵头	键槽
名称	单位	代号	数量		
人工	工时	11010	989.70	327.50	268.60
铁钉	kg	22061	5.02	1.80	2.00
其他材料费	%	11997	2.00	2.00	2.00
汽车起重机 起重量 5.0 t	台时	04085	11.16	4.03	4.00
其他机械费	%	11999	5.00	5.00	5.00

注 1：用于渐变段“曲面”模板“安装、拆除”时，人工、材料、机械乘以 1.05 的系数。

注 2：当隧洞直径(衬砌后)小于 5.0 m 时，“安装、拆除”定额乘以 0.9 的系数。

5-13 圆形隧洞衬砌模板

工作内容：木模板制作、钢架制作、预埋铁件制作、模板运输。

适合范围：圆形隧洞混凝土衬砌。

单位：100 m^2

定额编号			D050029	D050030	D050031
项目			制作		
			曲面	堵头	键槽
名称	单位	代号	数量		
人工	工时	11010	7.20	98.00	67.60
锯材	m^3	24003	0.22	2.16	2.07
型钢	kg	20037	78.77	67.35	—
电焊条	kg	22009	4.15	—	—
组合钢模板	kg	44004	77.12	—	—
卡扣件	kg	44002	25.45	—	—
铁钉	kg	22061	—	10.60	11.87
铁件	kg	22062	29.39	—	—
其他材料费	%	11997	2.00	2.00	2.00
载重汽车 载重量 5.0 t	台时	03004	0.19	0.60	0.54
电焊机 交流 25 kVA	台时	09132	4.85	—	—
钢筋弯曲机 $\phi 6 \sim \phi 40$	台时	09149	0.07	—	—
切断机 功率 20 kW	台时	09152	0.03	—	—
型钢剪断机 功率 13 kW	台时	09154	0.73	0.22	—
型材弯曲机	台时	09156	1.69	—	—
木工加工机械 圆盘锯	台时	09208	—	3.52	3.38
木工双面刨床	台时	09210	—	3.46	3.31
其他机械费	%	11999	5.00	5.00	5.00

注：当隧洞直径(衬砌后)大于等于 6.0 m 时，“曲面”模板“制作”定额均乘以 1.08 的系数；洞径大于等于 10 m 时，均乘以 1.2 的系数。

工作内容：模板及钢架安装、拆除，模板除灰、刷脱模剂，维修、倒仓，拉筋割断。

单位：100 m^2

定额编号			D050032	D050033	D050034
项目			安装、拆除		
			曲面	堵头	键槽
名称	单位	代号	数量		
人工	工时	11010	477.60	356.00	295.60
预制混凝土柱	m^3	23035	0.32	—	—
电焊条	kg	22009	2.00	—	—
铁件及预埋铁件	kg	22063	246.35	—	—
其他材料费	%	11997	2.00	—	—
汽车起重机 起重量 5.0 t	台时	04085	14.38	4.00	4.00
电焊机 交流 25 kVA	台时	09132	2.01	—	—
其他机械费	%	11999	5.00	5.00	5.00
注 1：当隧洞直径(衬砌后)大于等于 6.0 m 时，“曲面”模板“安装、拆除”定额均乘以 1.08 的系数；洞径大于等于10 m时，均乘以 1.2 的系数。 注 2：用于弯曲段时，“曲面”模板“安装、拆除”人工乘以 1.2 的系数。					

5－14 圆形隧洞衬砌针梁模板

工作内容：场内运输、安装、调试、拆除，运行(就位，架立、拆除模板，移位)，维护保养。
适合范围：圆形隧洞混凝土衬砌。

单位：100 m^2

定额编号			D050035	D050036	D050037	D050038	D050039
项目			衬砌内径/m				
			4.0	6.0	8.0	10	12
名称	单位	代号	数量				
人工	工时	11010	121.50	103.60	96.80	94.90	94.80
针梁模板台车衬砌后洞径 4.0 m	台时	02087	43.84	—	—	—	—
针梁模板台车衬砌后洞径 6.0 m	台时	02088	—	29.45	—	—	—
针梁模板台车衬砌后洞径 8.0 m	台时	02089	—	—	22.47	—	—
针梁模板台车衬砌后洞径 10 m	台时	02090	—	—	—	18.61	—
针梁模板台车衬砌后洞径 12 m	台时	02091	—	—	—	—	16.09
载重汽车 载重量 15 t	台时	03009	0.08	0.09	0.09	0.10	0.11
汽车起重机 起重量 25 t	台时	04092	1.70	1.86	2.04	2.22	2.38
电焊机 交流 25 kVA	台时	09132	1.01	1.12	1.23	1.33	1.43
其他机械费	%	11999	5.00	5.00	5.00	5.00	5.00
注：立模面积按内曲面面积计算。							

5-15 直墙圆拱形隧洞衬砌钢模板

工作内容:木模板制作、钢架制作、预埋铁件制作、模板运输。

适合范围:直墙圆拱形隧洞混凝土衬砌。

单位:100 m^2

定额编号			D050040	D050041	D050042	D050043	D050044	D050045
项目			制作					
			顶拱		边墙		底板堵头	键槽
			圆弧面	堵头	墙面	堵头		
名称	单位	代号	数量					
人工	工时	11010	6.90	98.30	9.80	83.90	86.30	67.70
锯材	m^3	24003	0.22	2.14	—	2.15	2.44	2.07
型钢	kg	20037	65.58	67.74	65.10	67.49	—	—
电焊条	kg	22009	3.46	—	0.50	—	—	—
组合钢模板	kg	44004	77.04	—	70.80	—	—	—
卡扣件	kg	44002	25.54	—	25.51	—	—	—
铁钉	kg	22061	—	10.67	—	10.67	10.61	11.85
铁件	kg	22062	24.61	—	0.19	—	56.43	—
其他材料费	%	11997	2.00	2.00	2.00	2.00	2.00	2.00
载重汽车 载重量 5.0 t	台时	03004	0.17	0.59	0.38	0.59	0.69	0.54
电焊机 交流 25 kVA	台时	09132	4.05	—	1.06	—	—	—
钢筋弯曲机 $\phi6\sim\phi40$	台时	09149	—	—	0.13	—	—	—
切断机 功率 20 kW	台时	09152	—	—	0.05	—	—	—
型钢剪断机 功率 13 kW	台时	09154	0.60	0.22	0.13	0.22	—	—
型材弯曲机	台时	09156	1.45	—	—	—	—	—
木工加工机械 圆盘锯	台时	09208	—	3.51	—	3.52	3.98	3.37
木工双面刨床	台时	09210	—	3.44	—	3.46	3.99	3.30
其他机械费	%	11999	5.00	5.00	5.00	5.00	5.00	5.00

注:当隧洞衬砌后的横断面面积大于等于 35 m^2 时,“制作”的“顶拱圆弧面”和“边墙墙面”定额均乘以 1.08 的系数;横断面面积大于等于 80 m^2 时,均乘以 1.2 的系数。

工作内容:模板及钢架安装、拆除,模板除灰、刷脱模剂,维修、倒仓,拉筋割断。

单位:100 m²

定额编号			D050046	D050047	D050048	D050049	D050050	D050051
项目			安装、拆除					
			顶拱		边墙		底板堵头	键槽
			圆弧面	堵头	墙面	堵头		
名称	单位	代号	数量					
人工	工时	11010	432.40	339.90	295.80	295.00	283.10	283.60
预制混凝土柱	m³	23035	0.32	—	0.32	—	—	—
电焊条	kg	22009	2.01	—	1.59	—	—	—
铁件及预埋铁件	kg	22063	245.60	—	97.78	—	—	—
其他材料费	%	11997	2.00	—	2.00	—	—	—
汽车起重机 起重量 5.0 t	台时	04085	13.12	4.00	12.37	4.02	2.01	4.01
电焊机 交流 25 kVA	台时	09132	2.02	—	3.14	—	—	—
其他机械费	%	11999	5.00	5.00	5.00	5.00	5.00	5.00

注 1:当隧洞衬砌后的横断面面积大于等于 35 m² 时,“安装、拆除”的“顶拱圆弧面”和“边墙墙面”定额均乘以 1.08 的系数;横断面面积大于等于 80 m² 时,均乘以 1.2 的系数。

注 2:用于弯曲段时,“曲面”模板“安装、拆除”人工乘以 1.2 的系数。

5-16 直墙圆拱形隧洞衬砌钢模台车

工作内容:场内运输、安装、调试、拆除,运行(就位,架立、拆除模板,移位),维护保养。

适合范围:直墙圆拱形隧洞边墙和顶拱混凝土衬砌。

单位:100 m²

定额编号			D050052	D050053	D050054	D050055	D050056	D050057	D050058
项目			衬砌后断面面积/m²						
			10	20	40	70	110	150	200
名称	单位	代号	数量						
人工	工时	11010	159.90	137.00	114.60	101.50	96.00	94.20	93.60
钢模台车衬砌后断面面积 10 m²	台时	02092	53.55	—	—	—	—	—	—
钢模台车衬砌后断面面积 20 m²	台时	02093	—	40.15	—	—	—	—	—
钢模台车衬砌后断面面积 40 m²	台时	02094	—	—	29.01	—	—	—	—
钢模台车衬砌后断面面积 70 m²	台时	02095	—	—	—	22.49	—	—	—

续表

单位:100 m²

定额编号			D050052	D050053	D050054	D050055	D050056	D050057	D050058
项目			衬砌后断面面积/m²						
			10	20	40	70	110	150	200
名称	单位	代号	数量						
钢模台车衬砌后断面面积 110 m²	台时	02096	—	—	—	—	18.24	—	—
钢模台车衬砌后断面面积 150 m²	台时	02097	—	—	—	—	—	15.85	—
钢模台车衬砌后断面面积 200 m²	台时	02098							14.05
载重汽车载重量 15 t	台时	03009	0.06	0.07	0.07	0.08	0.09	0.09	0.10
汽车起重机起重量 25 t	台时	04092	2.12	2.29	2.33	2.42	2.48	2.66	2.84
电焊机交流 25 kVA	台时	09132	1.27	1.36	1.40	1.44	1.49	1.60	1.71
其他机械费	%	11999	5.00	5.00	5.00	5.00	5.00	5.00	5.00

注 1:立模面面积按边墙墙面和顶拱圆弧面计算。

注 2:底板混凝土衬砌采用 5-15 直墙圆拱形隧洞衬砌钢模板中的相应定额。

5-17 直墙圆拱形涵洞模板

工作内容:木模板制作、钢架制作、预埋铁件制作、模板运输。

适合范围:直墙圆拱形涵洞。

单位:100 m²

定额编号			D050059	D050060	D050061	D050062	D050063	D050064
项目			制作					
			顶拱		边墙		底板堵头	键槽
			圆弧面	堵头	墙面	堵头		
名称	单位	代号	数量					
人工	工时	11010	16.30	95.90	8.70	83.80	85.20	67.80
锯材	m³	24003	0.22	2.14	—	2.15	2.51	2.05
型钢	kg	20037	60.75	49.50	59.40	49.41	7.99	—
电焊条	kg	22009	1.34	—	0.50	—	—	—
组合钢模板	kg	44004	76.64	—	71.05	—	—	—

续表

单位:100 m²

定额编号			D050059	D050060	D050061	D050062	D050063	D050064
项目			制作					
			顶拱		边墙		底板堵头	键槽
			圆弧面	堵头	墙面	堵头		
名称	单位	代号	数量					
卡扣件	kg	44002	25.59	30.46	27.92	35.20	2.65	—
铁钉	kg	22061	—	10.63	—	10.66	10.63	11.83
铁件	kg	22062	16.47	—	0.68	—	3.23	—
其他材料费	%	11997	2.00	2.00	2.00	2.00	2.00	2.00
载重汽车 载重量 5.0 t	台时	03004	0.18	0.60	0.24	0.60	0.67	0.54
电焊机 交流 25 kVA	台时	09132	0.79	—	0.97	—	—	—
钢筋弯曲机 $\phi6\sim\phi40$	台时	09149	0.02	—	0.12	—	—	—
切断机 功率 20 kW	台时	09152	0.01	—	0.04	—	—	—
型钢剪断机 功率 13 kW	台时	09154	0.27	—	0.12	—	—	—
型材弯曲机	台时	09156	2.34	—	—	—	—	—
木工加工机械 圆盘锯	台时	09208	—	3.51	—	3.53	4.14	3.36
木工双面刨床	台时	09210	—	3.45	—	3.46	3.91	3.67
其他机械费	%	11999	5.00	5.00	5.00	5.00	5.00	5.00

工作内容:模板及钢架安装、拆除,模板除灰、刷脱模剂,维修、倒仓,拉筋割断。

单位:100 m²

定额编号			D050065	D050066	D050067	D050068	D050069	D050070
项目			安装、拆除					
			顶拱		边墙		底板堵头	键槽
			圆弧面	堵头	墙面	堵头		
名称	单位	代号	数量					
人工	工时	11010	376.40	249.00	240.30	222.10	279.90	220.20
预制混凝土柱	m³	23035	0.06	—	0.15	—	—	—
电焊条	kg	22009	2.04	—	1.39	—	—	—
铁件及预埋铁件	kg	22063	125.39	—	86.37	—	—	—
其他材料费	%	11997	2.00	—	2.00	—	—	—
汽车起重机 起重量 5.0 t	台时	04085	15.96	4.04	11.45	4.01	2.02	4.03
电焊机 交流 25 kVA	台时	09132	3.13	—	2.01	—	—	—
其他机械费	%	11999	5.00	5.00	5.00	5.00	5.00	5.00

5-18 矩形涵洞模板

工作内容：木模板制作、钢架制作、预埋铁件制作、模板运输。

适合范围：矩形涵洞。

单位：100 m^2

定额编号			D050071	D050072	D050073
项目			制作		
			组合钢模板	堵头	键槽
名称	单位	代号	数量		
人工	工时	11010	7.50	84.10	67.30
锯材	m^3	24003	—	2.16	2.05
型钢	kg	20037	50.64	58.61	—
电焊条	kg	22009	0.50	—	—
组合钢模板	kg	44004	70.86	—	—
卡扣件	kg	44002	27.14	19.25	—
铁钉	kg	22061	—	10.65	11.84
铁件	kg	22062	0.20	—	—
其他材料费	%	11997	2.00	2.00	2.00
载重汽车 载重量 5.0 t	台时	03004	0.20	0.60	0.54
电焊机 交流 25 kVA	台时	09132	0.83	—	—
钢筋弯曲机 ϕ6～ϕ40	台时	09149	0.09	—	—
切断机 功率 20 kW	台时	09152	0.03	—	—
型钢剪断机 功率 13 kW	台时	09154	0.10	—	—
木工加工机械 圆盘锯	台时	09208	—	3.51	3.36
木工双面刨床	台时	09210	—	3.44	3.28
其他机械费	%	11999	5.00	5.00	5.00

工作内容:模板及钢架安装、拆除,模板除灰、刷脱模剂,维修、倒仓,拉筋割断。

单位:100 m²

定额编号			D050074	D050075	D050076
项目			安装、拆除		
			组合钢模板	堵头	键槽
名称	单位	代号	数量		
人工	工时	11010	245.70	232.30	220.20
预制混凝土柱	m³	23035	0.19	—	—
电焊条	kg	22009	1.25	—	—
铁件及预埋铁件	kg	22063	77.15	—	—
其他材料费	%	11997	2.00	—	—
汽车起重机 起重量 5.0 t	台时	04085	11.59	4.03	4.04
电焊机 交流 25 kVA	台时	09132	2.01	—	—
其他机械费	%	11999	5.00	5.00	5.00

5-19 圆形涵洞模板

工作内容:木模板制作、钢架制作、预埋铁件制作、模板运输。
适合范围:圆形涵洞。

单位:100 m²

定额编号			D050077	D050078	D050079
项目			制作		
			组合钢模板	堵头	键槽
名称	单位	代号	数量		
人工	工时	11010	21.80	97.10	67.60
锯材	m³	24003	0.22	2.15	2.06
型钢	kg	20037	44.34	39.22	—
电焊条	kg	22009	0.97	—	—
组合钢模板	kg	44004	90.95	—	—
卡扣件	kg	44002	25.98	21.55	—
铁钉	kg	22061	—	10.62	11.82

续表

单位:100 m²

定额编号			D050077	D050078	D050079
项目			制作		
			组合钢模板	堵头	键槽
名称	单位	代号	数量		
铁件	kg	22062	6.45	—	—
其他材料费	%	11997	2.00	2.00	2.00
载重汽车 载重量 5.0 t	台时	03004	0.28	0.59	0.54
电焊机 交流 25 kVA	台时	09132	0.72	—	—
钢筋弯曲机 $\phi6\sim\phi40$	台时	09149	0.08	—	—
切断机 功率 20 kW	台时	09152	0.03	—	—
型钢剪断机 功率 13 kW	台时	09154	0.09	—	—
型材弯曲机	台时	09156	1.88	—	—
木工加工机械 圆盘锯	台时	09208	—	3.53	3.36
木工双面刨床	台时	09210	—	3.44	3.29
其他机械费	%	11999	5.00	5.00	5.00

工作内容:模板及钢架安装、拆除,模板除灰、刷脱模剂,维修、倒仓,拉筋割断。

单位:100 m²

定额编号			D050080	D050081	D050082
项目			安装、拆除		
			组合钢模板	堵头	键槽
名称	单位	代号	数量		
人工	工时	11010	356.00	251.90	219.30
预制混凝土柱	m³	23035	0.20	—	—
电焊条	kg	22009	0.98	—	—
铁件及预埋铁件	kg	22063	60.36	—	—
其他材料费	%	11997	2.00	—	—
汽车起重机 起重量 5.0 t	台时	04085	15.98	4.00	4.00
电焊机 交流 25 kVA	台时	09132	2.01	—	—
其他机械费	%	11999	5.00	5.00	5.00

5-20 明渠衬砌模板

工作内容：木模板制作、预埋铁件制作、模板运输。

适合范围：引水、泄水、灌溉渠道、隧洞进出口明挖段的边坡、底板。

单位：100 m²

定额编号			D050083	D050084	D050085
项目			制作		
			边坡模板		堵头
			岩石坡（陡于1.0∶0.75）	土坡	
名称	单位	代号	数量		
人工	工时	11010	26.40	6.20	82.00
锯材	m³	24003	—	—	2.14
型钢	kg	20037	43.21	28.28	30.34
电焊条	kg	22009	0.96	0.62	0.66
组合钢模板	kg	44004	78.94	—	—
卡扣件	kg	44002	25.37	—	—
铁钉	kg	22061	—	—	10.59
铁件	kg	22062	3.01	—	12.67
其他材料费	%	11997	2.00	2.00	2.00
载重汽车 载重量5.0 t	台时	03004	0.78	0.01	0.59
电焊机 交流25 kVA	台时	09132	0.70	0.72	1.09
钢筋弯曲机 ϕ6～ϕ40	台时	09149	0.38	—	—
切断机 功率20 kW	台时	09152	0.14	—	—
型钢剪断机 功率13 kW	台时	09154	—	0.06	0.06
木工加工机械 圆盘锯	台时	09208	—	—	3.68
木工双面刨床	台时	09210	—	—	3.34
其他机械费	%	11999	5.00	5.00	5.00

工作内容：模板及钢架安装、拆除，模板除灰、刷脱模剂，维修、倒仓，拉筋割断。

单位：100 m²

定额编号			D050086	D050087	D050088
项目			安装、拆除		
			边坡模板		堵头
			岩石坡（陡于 1.0∶0.75）	土坡	
名称	单位	代号	数量		
人工	工时	11010	264.30	56.30	281.40
预制混凝土柱	m³	23035	0.66	—	—
电焊条	kg	22009	4.53	—	—
铁件及预埋铁件	kg	22063	140.34	—	—
其他材料费	%	11997	2.00	—	—
汽车起重机 起重量 5.0 t	台时	04085	12.30	0.80	4.03
卷扬机 双筒慢速 起重量 3.0 t	台时	04150	—	19.62	—
电焊机 交流 25 kVA	台时	09132	2.01	—	—
其他机械费	%	11999	5.00	5.00	5.00

5-21 人工挖孔桩模板

工作内容：预埋铁件制作、模板运输；模板安装、拆除、除灰、刷脱模剂，维修、倒仓，拉筋割断。

单位：100 m²

定额编号			D050089	D050090
项目			普通标准钢模板	
			制作	安装、拆除
名称	单位	代号	数量	
人工	工时	11010	10.30	331.80
预制混凝土柱	m³	23035	—	0.30
型钢	kg	20037	43.32	—
电焊条	kg	22009	0.50	2.02
组合钢模板	kg	44004	79.72	—
卡扣件	kg	44002	25.33	—
铁件	kg	22062	1.51	—
铁件及预埋铁件	kg	22063	—	122.62
其他材料费	%	11997	2.00	2.00
载重汽车 载重量 5.0 t	台时	03004	0.36	—

续表

单位：100 m²

定额编号			D050089	D050090
项目			普通标准钢模板	
			制作	安装、拆除
名称	单位	代号	数量	
汽车起重机 起重量 5.0 t	台时	04085	—	14.22
电焊机 交流 25 kVA	台时	09132	0.70	2.42
切断机 功率 20 kW	台时	09152	0.10	—
其他机械费	%	11999	5.00	5.00

5-22 溢流面滑模

工作内容：场内运输，轨道及埋件制作、安装，滑模安装、调试、拆除，拉滑模板、维护保养。

适合范围：溢流面混凝土。

单位：100 m²

定额编号			D050091	D050092
项目			分缝宽度/m	
			≤10	>10
名称	单位	代号	数量	
人工	工时	11010	456.40	346.20
型钢	kg	20037	357.48	286.60
电焊条	kg	22009	10.50	8.43
铁件	kg	22062	7.31	5.82
铁件及预埋铁件	kg	22063	125.07	99.91
其他材料费	%	11997	2.00	2.00
滑模台车 溢流面 分缝宽度 8.0 m	台时	02099	35.87	—
滑模台车 溢流面 分缝宽度 12 m	台时	02100	—	24.00
载重汽车 载重量 5.0 t	台时	03004	12.25	9.75
载重汽车 载重量 15 t	台时	03009	0.17	0.23
汽车起重机 起重量 5.0 t	台时	04085	0.12	0.10
汽车起重机 起重量 25 t	台时	04092	1.98	1.46
电焊机 交流 25 kVA	台时	09132	11.93	9.58
切断机 功率 20 kW	台时	09152	0.06	0.05
型钢剪断机 功率 13 kW	台时	09154	0.24	0.19
型材弯曲机	台时	09156	4.05	3.23
其他机械费	%	11999	5.00	5.00

5-23 混凝土面板滑模

工作内容：木模板制作、钢支架制作、预埋铁件制作、模板运输；模板安装、拆除、除灰、刷脱模剂，维修、倒仓，拉筋割断。

适合范围：堆石坝混凝土面板。

单位：100 m²

定额编号			D050093	D050094
项目			侧模	
			制作	安装、拆除
名称	单位	代号	数量	
人工	工时	11010	38.50	277.70
锯材	m^3	24003	1.65	—
型钢	kg	20037	78.28	—
电焊条	kg	22009	1.73	1.27
铁件	kg	22062	143.05	—
铁件及预埋铁件	kg	22063	—	1 443.93
其他材料费	%	11997	2.00	2.00
载重汽车 载重量 5.0 t	台时	03004	1.05	—
电焊机 交流 25 kVA	台时	09132	3.00	2.01
切断机 功率 20 kW	台时	09152	0.75	—
型钢剪断机 功率 13 kW	台时	09154	0.16	—
木工加工机械 圆盘锯	台时	09208	2.82	—
木工双面刨床	台时	09210	1.89	—
其他机械费	%	11999	5.00	5.00

工作内容：场内运输、安装、调试、拆除，拉滑模板、维护保养。

单位：100 m²

定额编号			D050095	D050096
项目			滑模	
			分缝宽度/m	
			≤10	>10
名称	单位	代号	数量	
人工	工时	11010	91.70	66.00
滑模台车 溢流面 分缝宽度 8.0 m	台时	02099	17.97	—
滑模台车 溢流面 分缝宽度 12 m	台时	02100	—	12.01

续表

单位:100 m²

定额编号			D050095	D050096
项目			滑模	
			分缝宽度/m	
			≤10	>10
名称	单位	代号	数量	
载重汽车 载重量 15 t	台时	03009	0.15	0.17
汽车起重机 起重量 25 t	台时	04092	1.36	1.01
电焊机 交流 25 kVA	台时	09132	1.17	0.96
其他机械费	%	11999	5.00	5.00

5-24 普通平面复合模板

工作内容:塑料复合模板制作,模板安装、拆除、整理、堆放及场内外运输,清理模板黏结物及模内杂物等。

单位:100 m²

定额编号			D050097	D050098	D050099
项目			有梁板	无梁板	平板
			塑料复合模板 钢支撑		
名称	单位	代号	数量		
人工	工时	11010	267.52	219.92	219.20
水泥砂浆	m³	47020	0.01	0.01	0.01
松木模板	m³	44010	0.71	0.94	0.57
塑料复合模板(15 mm 厚)	m³	44011	8.93	7.21	8.58
镀锌铁丝 8#~10#	kg	20007	10.83	8.34	13.11
镀锌铁丝 22#	kg	20008	0.18	0.18	0.18
支撑钢管及扣件	kg	44012	52.28	29.98	39.19
梁卡具	kg	44013	5.46	—	—
铁钉	kg	22061	9.24	20.34	6.84
汽车起重机 起重量 5.0 t	台时	04085	1.12	0.64	0.80
载重汽车 载重量 5.0 t	台时	03004	2.64	2.08	2.00
木工加工机械 圆盘锯	台时	09208	2.64	4.48	4.24

6 混凝土工程

说 明

一、本章定额包括现浇混凝土、预制混凝土、沥青混凝土、混凝土预制运输及安装、钢筋的制作与安装、混凝土的拌制、运输、止水等共67节。

二、本章定额的计量单位除注明者外，均为建筑物或构筑物的成品实体方。

三、定额的工作内容如下。

现浇混凝土包括凿毛、冲洗、清仓、铺水泥砂浆、平仓浇筑、振捣、养护以及场内运输和辅助工作。

预制混凝土包括预制场冲洗、清理、混凝土的配料、拌制、浇筑、振捣、养护，模板制作、安装、拆除、修整，以及预制场内的混凝土运输，材料场内运输和辅助工作，预制件场内的吊移、堆放。

四、各种坝型的现浇混凝土定额，不包括溢流面、闸墩、胸墙、工作桥、公路桥等。

五、现浇混凝土定额不含模板制作、安装、拆除、修整。

六、本章6-17节至6-20节为预制混凝土定额。对于其他必须现场预制又没有相应定额的预制混凝土构件，可采用6-16节现浇细部结构混凝土子目加相应模板定额计算。

七、预制混凝土定额中的模板材料均按预算消耗量计算，包括制作(钢模为组装)、安装、拆除、维修的消耗、损耗，并考虑了周转和回收。

八、材料定额中的“混凝土”一项，系指完成单位产品所需的混凝土半成品量，其中包括冲(凿)毛、干缩、施工损耗、运输损耗和接缝砂浆等的消耗量在内。混凝土半成品的单价，只计算配制混凝土所需水泥、砂石骨料、水、掺和料及其外加剂等的用量及价格。各项材料的用量，应按试验资料计算；没有试验资料时，可采用本定额附录中的混凝土材料配合表列示量。

九、混凝土拌制如下。

1. 现浇混凝土定额各节，未列拌制混凝土所需的人工和机械。混凝土拌制按有关定额计算。

2. 骨料或水泥系统是指运输骨料或水泥及掺和料进入搅拌楼所必须配备与搅拌楼相衔接的机械设备。分别包括自骨料接料斗开始的胶带输送机及供料设备，自水泥及掺和料罐开始的水泥提升机械或空气输送设备，以及胶带输送机和吸尘设备等。

3. 搅拌机(楼)清洗用水已计入拌制定额的零星材料费中。

4. 混凝土拌制定额按拌制常态混凝土拟定，若拌制其他混凝土，则按表6-1中的系数对定额进行调整。

表 6-1

搅拌机(楼)规格	混凝土类别			
	常态混凝土	加冰混凝土	加粉煤灰混凝土	碾压混凝土
1×2.0 m^3 强制式	1.01	1.21	1.00	1.00
2×2.5 m^3 强制式	1.01	1.18	1.00	1.01
2×1.0 m^3 自落式	1.01	1.01	1.10	1.31
2×1.5 m^3 自落式	1.00	1.00	1.11	1.31
3×1.5 m^3 自落式	1.01	1.01	1.10	1.30
2×3.0 m^3 自落式	1.00	1.01	1.10	1.31
4×3.0 m^3 自落式	1.01	1.01	1.11	1.31

5. 混凝土拌制定额均以半成品体积为单位计算，不含施工损耗和运输损耗所消耗的人工、材料、机械的数量和费用。

十、混凝土运输如下。

1. 混凝土运输是指混凝土自搅拌楼或搅拌机出料口至仓面的全部水平和垂直运输。

2. 混凝土运输单价应根据设计选定的运输方式、机械类型，按相应运输定额综合计算。

3. 混凝土构件的预制、运输及吊(安)装定额。若预制混凝土构件质量超过定额中起重机械起质量时，可用相应起重量机械替换，台时数不作调整。

4. 混凝土运输定额均以半成品方为单位计算，不含施工损耗和运输损耗所消耗的人工、材料、机械的数量和费用。

十一、隧洞、竖井、地下厂房、明渠等混凝土衬砌定额中所列示的开挖断面及衬砌厚度按设计尺寸选取。

十二、钢筋制作安装定额，应不分部位、规格型号综合计算。

十三、混凝土拌制及浇筑定额中，不包括加冰、骨料预冷、通水等温控所需的费用。

十四、混凝土浇筑的仓面清洗及养护用水、地下工程混凝土浇筑施工照明用电，已分别计入浇筑定额的用水量及其他材料费中。

十五、预制混凝土构件吊(安)装定额，仅系吊(安)装过程中所需的人工、材料、机械使用量。制作和运输的费用包含在预制混凝土构件的预算单价中，另按预制构件制作及运输定额计算。

十六、隧洞衬砌定额适用于水平夹角小于或等于6°的平洞和单独作业，如开挖、衬砌平行作业时，人工和机械定额乘以1.1的系数；水平夹角大于6°的斜洞衬砌，按平洞人工、机械定额乘以1.23的系数执行。

十七、如设计采用耐磨混凝土、钢纤维混凝土、硅粉混凝土、铁矿石混凝土、高强混凝土、膨胀混凝土等特种混凝土，应采用试验资料中的材料配合比计算。

十八、沥青混凝土铺筑、涂层、运输等定额，适用于堆石坝上游面及库盆全面防渗处理，堆石坝和砂壳坝的心墙、斜墙及均质土坝上游面的防渗处理。

十九、沥青混凝土定额除注明者外，均按成品体积计量。

二十、沥青混凝土定额的名称如下。

1. 开级配：指面板或斜墙中的整平胶结层和排水层的沥青混凝土。

2. 密级配：指面板或斜墙中的防渗层沥青混凝土和岸边接头沥青砂浆。

3. 垫层：指敷设于填筑体表面与沥青混凝土之间的过渡层。

4. 封闭层：指在面板或斜墙最表面上，涂刷于防渗上层层面的沥青胶涂层。

5. 涂层：指涂刷在垫层、整平胶结层、排水层或防渗层表面起胶结作用或保护下层作用的沥青制剂或沥青胶，包括乳化沥青、稀释沥青、热沥青胶及再生橡胶粉沥青胶等。

6. 岸边接头：指沥青混凝土斜墙与两岸岸边接头的部位。

二十一、本定额未考虑混凝土温度控制的费用。如果坝体混凝土体积确实较大，需要对混凝土进行温度控制，可以对需要实施温度控制部位的混凝土按设计文件中混凝土温度控制措施并参考相关规定计算费用，如坝体混凝土内预埋冷却水管等。

二十二、工程量计算规则如下。

1. 按设计图示尺寸计算的有效实体方体积。单个体积小于 0.1 m^3 的圆角或斜角、钢筋和金属件占用的空间体积小于 0.1 m^3 或截面积小于 0.1 m^2 的孔洞、排水管、预埋管和凹槽等的工程量不予扣除。按设计要求对上述临时孔洞所回填的混凝土也不重复计量。

2. 止水工程按设计图示尺寸有效长度计算。

3. 伸缩缝按设计图示尺寸有效面积计算。

4. 混凝土凿除或拆除按设计图示凿除或拆除范围内的实体方体积计算。

5. 防水层按设计图示尺寸有效面积计算。

6. 仓面面积、开挖断面指上口面积。

6-1 坝

工作内容：施工准备、仓面凿毛、冲洗、清仓、验收、浇筑、养护等。

适用范围：各种坝型混凝土。

单位：100 m^3

定额编号			D060001	D060002	D060003
项目			重力坝		
			仓面面积/m^2		
			0～200	200～400	＞400
名称	单位	代号	数量		
人工	工时	11010	246.30	208.40	188.80
砂浆	m^3	47013	2.00	2.00	1.00
混凝土	m^3	47006	101.00	101.00	102.00
水	m^3	43013	80.00	80.00	80.00
其他材料费	%	11997	2.00	2.00	2.00
振捣器 插入式 功率 1.5 kW	台时	02049	12.37	11.69	11.23
风(砂)水枪 耗风量 6.0 m^3/min	台时	02081	7.05	7.05	7.05
其他机械费	%	11999	15.00	15.00	15.00
混凝土拌制	m^3	11104	101.00	101.00	102.00
混凝土运输	m^3	11105	101.00	101.00	102.00
砂浆拌制	m^3	11108	2.00	2.00	1.00
砂浆运输	m^3	11109	2.00	2.00	1.00

6－2 隧洞衬砌

工作内容：仓面清洗，装拆混凝土导管（混凝土泵入仓），平仓振捣，钢筋、模板维护，混凝土养护及人工凿毛。

单位：100 m^3

定额编号			D060004	D060005	D060006	D060007	D060008	D060009
项目			混凝土泵入仓浇筑					
			开挖断面/m^2					
			≤10			10～30		
			衬砌厚度/cm					
			30	50	70	50	70	90
名称	单位	代号	数量					
人工	工时	11010	675.60	604.30	528.40	539.20	474.00	426.30
混凝土	m^3	47006	103.00	103.00	103.00	103.00	103.00	103.00
水	m^3	43013	85.00	55.00	40.00	55.00	40.00	30.00
其他材料费	%	11997	0.50	0.50	0.50	0.50	0.50	0.50
混凝土输送泵 输出量 30 m^3/h	台时	02032	12.93	11.57	10.14	10.02	8.71	7.92
振捣器 插入式 功率 1.1 kW	台时	02048	44.77	40.13	35.20	40.19	30.89	27.94
风（砂）水枪 耗风量 6.0 m^3/min	台时	02081	30.48	29.68	20.35	29.52	20.26	15.62
其他机械费	%	11999	3.00	3.00	3.00	3.00	3.00	3.00
混凝土拌制	m^3	11104	103.00	103.00	103.00	103.00	103.00	103.00
混凝土运输	m^3	11105	103.00	103.00	103.00	103.00	103.00	103.00

工作内容：仓面清洗，装拆混凝土导管（混凝土泵入仓），平仓振捣，钢筋、模板维护，混凝土养护及人工凿毛。

单位：100 m^3

定额编号			D060010	D060011	D060012	D060013	D060014	D060015
项目			混凝土泵入仓浇筑					
			开挖断面/m^2					
			30～100			＞100		
			衬砌厚度/cm					
			50	70	90	70	90	110
名称	单位	代号	数量					
人工	工时	11010	513.30	423.40	374.70	413.30	368.70	341.00
混凝土	m^3	47006	103.00	103.00	103.00	103.00	103.00	103.00

续表

单位:100 m³

定额编号			D060010	D060011	D060012	D060013	D060014	D060015
项目			混凝土泵入仓浇筑					
			开挖断面/m²					
			30～100			>100		
			衬砌厚度/cm					
			50	70	90	70	90	110
名称	单位	代号	数量					
水	m³	43013	55.40	40.02	30.21	40.39	30.18	25.25
其他材料费	%	11997	0.50	0.50	0.50	0.50	0.50	0.50
混凝土输送泵 输出量 30 m³/h	台时	02032	10.03	8.35	7.34	8.04	7.09	6.68
振捣器 插入式 功率 1.1 kW	台时	02048	40.24	29.46	25.94	28.29	25.05	23.60
风(砂)水枪 耗风量 6.0 m³/min	台时	02081	29.54	20.34	15.66	20.38	12.44	10.70
其他机械费	%	11999	3.00	3.00	3.00	3.00	3.00	3.00
混凝土拌制	m³	11104	103.00	103.00	103.00	103.00	103.00	103.00
混凝土运输	m³	11105	103.00	103.00	103.00	103.00	103.00	103.00

工作内容:仓面清洗,装拆混凝土导管(混凝土泵入仓),平仓振捣,钢筋、模板维护,混凝土养护及人工凿毛。

单位:100 m³

定额编号			D060016	D060017	D060018	D060019	D060020
项目			人工入仓浇筑				
			开挖断面/m²				
			≤5.0		5.0～10		
			衬砌厚度/cm				
			20	30		40	50
名称	单位	代号	数量				
人工	工时	11010	998.90	942.90	915.30	837.20	749.00
混凝土	m³	47006	103.00	103.00	103.00	103.00	103.00
水	m³	43013	130.46	85.56	85.25	65.25	55.46
其他材料费	%	11997	0.50	0.50	0.50	0.50	0.50
振捣器 插入式 功率 1.1 kW	台时	02048	50.23	44.95	44.75	40.36	35.14
风(砂)水枪 耗风量 6.0 m³/min	台时	02081	51.13	30.52	30.59	29.67	20.35
其他机械费	%	11999	3.00	3.00	3.00	3.00	3.00
混凝土拌制	m³	11104	103.00	103.00	103.00	103.00	103.00
混凝土运输	m³	11105	103.00	103.00	103.00	103.00	103.00

6-3 人工挖孔桩衬砌

单位:100 m³

定额编号			D060021	D060022	D060023	D060024	D060025
项目			衬砌厚度/cm				挖孔桩护壁超填
			30	50	70	90	人工入仓
名称	单位	代号	数量				
人工	工时	11010	692.30	622.10	554.00	529.60	1 237.50
混凝土	m³	47006	103.00	103.00	103.00	103.00	—
水	m³	43013	67.16	55.08	40.32	30.20	85.47
其他材料费	%	11997	0.50	0.50	0.50	0.50	0.50
振捣器 插入式 功率 1.1 kW	台时	02048	48.75	40.34	30.77	26.83	47.47
风(砂)水枪 耗风量 6.0 m³/min	台时	02081	24.61	19.17	13.22	10.16	32.19
其他机械费	%	11999	5.00	5.00	5.00	5.00	—
混凝土拌制	m³	11104	103.00	103.00	103.00	103.00	—
混凝土运输	m³	11105	103.00	103.00	103.00	103.00	—

6-4 混凝土面板

适用范围:各类坝的面板。

单位:100 m³

定额编号			D060026
项目			混凝土面板
名称	单位	代号	数量
人工	工时	11010	498.70
混凝土	m³	47006	103.00
水	m³	43013	160.12
其他材料费	%	11997	4.00
振捣器 插入式 功率 1.1 kW	台时	02048	38.52
其他机械费	%	11999	5.00
混凝土拌制	m³	11104	103.00
混凝土运输	m³	11105	103.00

6－5　溢流面

工作内容：浇筑、凿毛、清洗、抹面、养护等。

适用范围：溢流段的溢流面。

单位：100 m^3

定额编号			D060027
项目			溢流面
名称	单位	代号	数量
人工	工时	11010	380.30
混凝土	m^3	47006	103.00
水	m^3	43013	121.05
其他材料费	%	11997	1.00
振捣器 插入式 功率 1.1 kW	台时	02048	23.63
风(砂)水枪 耗风量 6.0 m^3/min	台时	02081	13.68
其他机械费	%	11999	8.00
混凝土拌制	m^3	11104	103.00
混凝土运输	m^3	11105	103.00

6－6　底　板

适用范围：护坦、排导槽底板等。

单位：100 m^3

定额编号			D060028	D060029	D060030	D060031
项目			厚度/cm			
			20	30	40	50
名称	单位	代号	数量			
人工	工时	11010	762.20	735.10	711.60	654.90
混凝土	m^3	47006	103.00	103.00	103.00	103.00
水	m^3	43013	120.00	120.00	120.00	120.00
其他材料费	%	11997	0.50	0.50	0.50	0.50
振捣器 插入式 功率 1.1 kW	台时	02048	40.16	40.25	40.10	40.41
风(砂)水枪 耗风量 6.0 m^3/min	台时	02081	26.64	25.20	23.91	21.39
混凝土拌制	m^3	11104	103.00	103.00	103.00	103.00
混凝土运输	m^3	11105	103.00	103.00	103.00	103.00

单位:100 m³

定额编号			D060032	D060033	D060034
项目			厚度/cm		
			100	200	300
名称	单位	代号	数量		
人工	工时	11010	526.30	365.70	257.80
混凝土	m^3	47006	103.00	103.00	103.00
水	m^3	43013	120.39	100.08	70.69
其他材料费	%	11997	0.50	0.50	0.50
振捣器 插入式 功率 1.1 kW	台时	02048	40.27	40.22	40.39
风(砂)水枪 耗风量 6.0 m^3/min	台时	02081	14.94	10.49	7.32
混凝土拌制	m^3	11104	103.00	103.00	103.00
混凝土运输	m^3	11105	103.00	103.00	103.00

6-7 明　渠

适用范围:截水沟、排水沟、排导槽、引水、泄水、灌溉渠道及隧洞进出口明挖段的边坡、底板、土壤基础上的槽型整体。

单位:100 m³

定额编号			D060035	D060036	D060037
项目			衬砌厚度/cm		
			15	25	35
名称	单位	代号	数量		
人工	工时	11010	837.10	640.00	511.30
混凝土	m^3	47006	103.00	103.00	103.00
水	m^3	43013	181.18	181.61	140.63
其他材料费	%	11997	1.00	1.00	1.00
振捣器 插入式 功率 1.1 kW	台时	02048	44.10	44.10	35.82
风(砂)水枪 耗风量 6.0 m^3/min	台时	02081	44.27	29.35	22.12
其他机械费	%	11999	11.00	11.00	11.00
混凝土拌制	m^3	11104	103.00	103.00	103.00
混凝土运输	m^3	11105	103.00	103.00	103.00
注:对于土壤基础上的槽型整体或明渠,风(砂)水枪台时均改为 2.0,用水量乘以 0.7 的系数。					

6-8 暗 渠

适用范围：直墙圆拱形暗渠、矩形暗渠、涵洞等。

单位：100 m^3

定额编号			D060038	D060039	D060040
项目			衬砌厚度/cm		
			40	50	60
名称	单位	代号	数量		
人工	工时	11010	493.70	418.00	364.50
混凝土	m^3	47006	103.00	103.00	103.00
水	m^3	43013	65.18	55.33	45.33
其他材料费	%	11997	0.50	0.50	0.50
振捣器 插入式 功率 1.1 kW	台时	02048	43.59	35.76	28.23
风(砂)水枪 耗风量 6.0 m^3/min	台时	02081	27.77	21.47	18.09
其他机械费	%	11999	10.00	10.00	10.00
混凝土拌制	m^3	11104	103.00	103.00	103.00
混凝土运输	m^3	11105	103.00	103.00	103.00

6-9 墩

适用范围：闸墩、桥墩、镇支墩等。

单位：100 m^3

定额编号			D060041
项目			墩
名称	单位	代号	数量
人工	工时	11010	389.90
混凝土	m^3	47006	103.00
水	m^3	43013	70.56
其他材料费	%	11997	2.00
振捣器 插入式 功率 1.5 kW	台时	02049	20.02
变频机组 容量 8.5 kVA	台时	02053	10.00
风(砂)水枪 耗风量 6.0 m^3/min	台时	02081	5.36
其他机械费	%	11999	18.10
混凝土拌制	m^3	11104	103.00
混凝土运输	m^3	11105	103.00
注：当墩厚大于 4.0 m 时，则选 6-1 坝的定额。			

6-10 墙

适用范围：护坡墙，挡土墙，板桩墙，防护堤、桩间挡板等。

单位：100 m^3

定额编号			D060042	D060043	D060044	D060045	D060046	D060047
项目			厚/cm					
			20	30	60	90	120	150
名称	单位	代号	数量					
人工	工时	11010	581.70	455.00	352.10	274.30	254.50	233.70
混凝土	m^3	47006	103.00	103.00	103.00	103.00	103.00	103.00
水	m^3	43013	181.21	161.25	140.93	120.11	120.11	120.11
其他材料费	%	11997	2.00	2.00	2.00	2.00	2.00	2.00
混凝土输送泵 输出量 30 m^3/h	台时	02032	11.72	10.12	8.75	7.66	6.06	6.07
振捣器 插入式 功率 1.1 kW	台时	02048	49.62	49.84	40.12	40.09	18.11	18.11
风(砂)水枪 耗风量 6.0 m^3/min	台时	02081	12.41	12.41	10.02	10.02	4.51	4.50
其他机械费	%	11999	13.00	13.00	13.00	13.00	13.00	13.00
混凝土拌制	m^3	11104	103.00	103.00	103.00	103.00	103.00	103.00
混凝土运输	m^3	11105	103.00	103.00	103.00	103.00	103.00	103.00
增加人工	工时	11010	171.80	165.10	158.50	151.80	145.20	138.60

注1：当墙厚大于 200 cm 时，则选 6-9 墩的定额。

注2：本节定额按混凝土泵入仓拟定。如果采用人工入仓，则按表中增加人工计算并取消混凝土输送泵。

6－11　渡槽槽身

单位：100 m³

定额编号			D060048	D060049	D060050	D060051	D060052
项目			矩形、U形				箱形
			平均壁厚/cm				
			10	20	30	40	
名称	单位	代号	数量				
人工	工时	11010	1 054.00	905.80	777.20	656.50	978.00
混凝土	m³	47006	103.00	103.00	103.00	103.00	103.00
水	m³	43013	190.34	181.09	170.45	160.59	181.60
其他材料费	%	11997	3.00	3.00	3.00	3.00	3.00
振捣器 插入式 功率 1.1 kW	台时	02048	44.10	44.10	44.10	44.10	44.10
风(砂)水枪 耗风量 6.0 m³/min	台时	02081	2.00	2.00	2.00	2.00	2.00
其他机械费	%	11999	14.00	14.00	14.00	14.00	14.00
混凝土拌制	m³	11104	103.00	103.00	103.00	103.00	103.00
混凝土运输	m³	11105	103.00	103.00	103.00	103.00	103.00

6－12　混凝土管

适用范围：圆形倒虹吸管、压力管道及各种现浇线形涵管。

单位：100 m³

定额编号			D060053	D060054	D060055	D060056
项目			管道内径/m			
			≤1.0		1.0～2.0	
			管壁厚度/m			
			0.2	0.3		0.4
名称	单位	代号	数量			
人工	工时	11010	810.30	640.20	545.60	508.90
混凝土	m³	47006	103.00	103.00	103.00	103.00
水	m³	43013	181.02	171.23	170.40	161.34
其他材料费	%	11997	0.50	0.50	0.50	0.50
振捣器 插入式 功率 1.1 kW	台时	02048	44.00	44.00	44.00	44.00
风(砂)水枪 耗风量 6.0 m³/min	台时	02081	44.21	28.56	26.16	18.50
其他机械费	%	11999	10.00	10.00	10.00	10.00
混凝土拌制	m³	11104	103.00	103.00	103.00	103.00
混凝土运输	m³	11105	103.00	103.00	103.00	103.00

适用范围:圆形倒虹吸管、压力管道及各种现浇线形涵管。

单位:100 m^3

定额编号			D060057	D060058	D060059	D060060	D060061
项目			管道内径/m				
			2.0～3.0		3.0～4.0		
			管壁厚度/m				
			0.4	0.5		0.6	0.7
名称	单位	代号	数量				
人工	工时	11010	461.10	415.60	372.70	328.60	240.30
混凝土	m^3	47006	103.00	103.00	103.00	103.00	103.00
水	m^3	43013	160.16	150.94	150.97	140.45	131.03
其他材料费	%	11997	0.50	0.50	0.50	0.50	0.50
振捣器 插入式 功率 1.1 kW	台时	02048	44.12	35.85	35.74	35.71	35.64
风(砂)水枪 耗风量 6.0 m^3/min	台时	02081	18.47	14.88	14.09	11.95	10.09
其他机械费	%	11999	10.00	10.00	10.00	10.00	10.00
混凝土拌制	m^3	11104	103.00	103.00	103.00	103.00	103.00
混凝土运输	m^3	11105	103.00	103.00	103.00	103.00	103.00

6-13 拱

适用范围:渡槽、桥梁。

单位:100 m^3

定额编号			D060062	D060063
项目			肋拱(含横系梁)	板拱
名称	单位	代号	数量	
人工	工时	11010	874.00	633.10
混凝土	m^3	47006	103.00	103.00
水	m^3	43013	120.90	120.15
其他材料费	%	11997	3.00	3.00
振捣器 插入式 功率 1.1 kW	台时	02048	44.19	44.37
风(砂)水枪 耗风量 6.0 m^3/min	台时	02081	2.00	2.02
其他机械费	%	11999	20.00	20.00
混凝土拌制	m^3	11104	103.00	103.00
混凝土运输	m^3	11105	103.00	103.00

6-14 排 架

适用范围：渡槽、桥梁。

单位：100 m^3

定额编号			D060064	D060065	D060066	D060067
项目			排架单根立柱横断面积/m^2			
			0.2	0.3	0.4	0.5
名称	单位	代号	数量			
人工	工时	11010	826.70	724.10	645.00	618.80
混凝土	m^3	47006	103.00	103.00	103.00	103.00
水	m^3	43013	180.21	160.38	141.26	120.13
其他材料费	%	11997	3.00	3.00	3.00	3.00
振捣器 插入式 功率 1.1 kW	台时	02048	44.13	44.09	35.91	35.94
风(砂)水枪 耗风量 6.0 m^3/min	台时	02081	2.02	2.00	2.00	2.01
其他机械费	%	11999	20.00	20.00	20.00	20.00
混凝土拌制	m^3	11104	103.00	103.00	103.00	103.00
混凝土运输	m^3	11105	103.00	103.00	103.00	103.00

注 1：排架高度大于 25 m 时，人工和振动器乘以 1.07 的系数。

注 2：排架高度小于 10 m 时，人工和振动器乘以 0.93 的系数。

6-15 回填混凝土

适用范围：隧洞回填，支洞封堵及塌方回填混凝土；露天回填，露天各部位回填混凝土；填腹，箱形拱填腹及一般填腹。

单位：100 m^3

定额编号			D060068	D060069	D060070
项目			隧洞回填	露天回填	填腹
名称	单位	代号	数量		
人工	工时	11010	400.20	335.20	347.70
混凝土	m^3	47006	103.00	103.00	103.00
水	m^3	43013	45.39	45.13	20.02
其他材料费	%	11997	0.50	0.50	0.50
振捣器 插入式 功率 1.1 kW	台时	02048	40.40	40.41	20.16
风(砂)水枪 耗风量 6.0 m^3/min	台时	02081	4.02	4.02	6.04
其他机械费	%	11999	8.00	8.00	8.00
混凝土拌制	m^3	11104	103.00	103.00	103.00
混凝土运输	m^3	11105	103.00	103.00	103.00

6－16 其他混凝土

适用范围：基础，排架基础、一般设备基础等；护坡框格，护坡的混凝土框格；细部结构，除本章其他现浇混凝土之外的细部结构、小体积、板、梁、柱等。

单位：100 m^3

定额编号			D060071	D060072	D060073
项目			基础	护坡框格	细部结构
名称	单位	代号	数量		
人工	工时	11010	365.90	692.10	997.30
混凝土	m^3	47006	103.00	103.00	103.00
水	m^3	43013	120.94	120.53	120.79
其他材料费	%	11997	2.00	2.00	2.00
振捣器 插入式 功率 1.1 kW	台时	02048	20.19	44.55	35.74
风(砂)水枪 耗风量 6.0 m^3/min	台时	02081	26.12	15.00	7.44
其他机械费	%	11999	10.00	10.00	10.00
混凝土拌制	m^3	11104	103.00	103.00	103.00
混凝土运输	m^3	11105	103.00	103.00	103.00

6－17 预制渡槽槽身

工作内容：模板制作、安装、拆除，混凝土拌制、场内运输、浇筑、养护、堆放。

单位：100 m^3

定额编号			D060074	D060075
项目			U 形	矩形肋板式
名称	单位	代号	数量	
人工	工时	11010	4 125.30	1 068.30
锯材	m^3	24003	0.88	3.05
混凝土	m^3	47006	102.00	102.00
型钢	kg	20037	755.95	—
电焊条	kg	22009	1.24	—
组合钢模板	kg	44004	346.78	—
水	m^3	43013	180.28	181.00
卡扣件	kg	44002	140.43	—
铁钉	kg	22061	4.24	10.55
铁件	kg	22062	217.84	43.12
铁件及预埋铁件	kg	22063	354.42	—
其他材料费	%	11997	3.00	3.00

续表

单位:100 m^3

定额编号			D060074	D060075
项目			U形	矩形肋板式
名称	单位	代号	数量	
混凝土搅拌机出料 0.4 m^3	台时	02002	18.53	18.53
振捣器 插入式 功率 1.1 kW	台时	02048	44.18	44.18
振捣器 插入式 功率 2.2 kW	台时	02050	—	26.68
载重汽车 载重量 5.0 t	台时	03004	3.67	0.60
胶轮车	台时	03074	92.90	92.90
电焊机 交流 25 kVA	台时	09132	1.40	—
其他机械费	%	11999	15.00	15.00

6-18 预制混凝土拱、梁及排架

工作内容:模板制作、安装、拆除,混凝土拌制、场内运输、浇筑、养护、堆放。

适用范围:渡槽、桥梁等。

单位:100 m^3

定额编号			D060076	D060077	D060078
项目			梁	排架	矩形拱
名称	单位	代号	数量		
人工	工时	11010	1 548.30	1 348.40	1 030.30
锯材	m^3	24003	0.40	0.20	0.39
专用钢模板	kg	44003	122.60	—	—
混凝土	m^3	47006	102.00	102.00	102.00
型钢	kg	20037	—	51.99	59.58
电焊条	kg	22009	9.60	1.68	6.90
组合钢模板	kg	44004	—	129.55	86.12
水	m^3	43013	181.00	181.00	181.00
卡扣件	kg	44002	—	76.22	41.92
铁钉	kg	22061	1.80	0.66	1.49
铁件	kg	22062	41.29	—	30.14
铁件及预埋铁件	kg	22063	2 737.48	482.70	1 968.88
其他材料费	%	11997	2.00	2.00	2.00
混凝土搅拌机 出料 0.4 m^3	台时	02002	18.50	18.50	18.50
振捣器 插入式 功率 1.1 kW	台时	02048	44.10	44.10	44.10
载重汽车 载重量 5.0 t	台时	03004	0.64	0.62	0.52
胶轮车	台时	03074	92.90	92.90	92.90
电焊机 交流 25 kVA	台时	09132	10.99	1.94	7.89
其他机械费	%	11999	15.00	15.00	—

6-19 预制混凝土块

工作内容：木模板制作、安装，浇筑、养护、预制块吊移。

适用范围：护坡、截流等。

单位：100 m^3

定额编号			D060079
项目			预制混凝土块
名称	单位	代号	数量
人工	工时	11010	1 222.90
锯材	m^3	24003	1.17
混凝土	m^3	47006	102.00
水	m^3	43013	80.05
铁钉	kg	22061	16.02
铁件	kg	22062	20.05
其他材料费	%	11997	0.50
振捣器 插入式 功率 1.1 kW	台时	02048	35.00
载重汽车 载重量 5.0 t	台时	03004	1.45
塔式起重机 起重量 10 t	台时	04030	10.05
其他机械费	%	11999	1.00
混凝土拌制	m^3	11104	102.00
混凝土运输	m^3	11105	102.00

6-20 混凝土板预制及砌筑

工作内容：预制——模板制作、安装、拆除、修理，混凝土拌和、场内运输、浇筑、养护、堆放；砌筑——冲洗、拌浆、砌筑、勾缝。

适用范围：渠道护坡、护底。

单位：100 m^3

定额编号			D060080	D060081	D060082	D060083
项目			预制			
			厚度/cm			
			4.0～8.0	8.0～12	12～16	16～20
名称	单位	代号	数量			
人工	工时	11010	1 775.80	1 752.80	1 708.20	1 652.10
专用钢模板	kg	44003	116.51	92.42	81.85	76.22
混凝土	m^3	47006	102.00	102.00	102.00	102.00
水	m^3	43013	240.50	240.50	240.50	240.50
铁件	kg	22062	24.80	17.85	14.97	13.28
其他材料费	%	11997	1.00	1.00	1.00	1.00
混凝土搅拌机 出料 0.4 m^3	台时	02002	18.50	18.50	18.50	18.50
振捣器 插入式 功率 2.2 kW	台时	02050	35.82	30.07	26.94	24.04
载重汽车 载重量 5.0 t	台时	03004	1.61	1.29	1.13	1.04
胶轮车	台时	03074	93.00	93.00	93.00	93.00
其他机械费	%	11999	7.00	7.00	7.00	7.00

工作内容：预制——模板制作、安装、拆除、修理，混凝土拌和、场内运输、浇筑、养护、堆放；砌筑——冲洗、拌浆、砌筑、勾缝。

单位：100 m^3

定额编号			D060084	D060085	D060086	D060087
项目			砌筑			
			厚度/cm			
			4.0～8.0	8.0～12	12～16	16～20
名称	单位	代号	数量			
人工	工时	11010	1 146.10	823.30	690.30	613.80
预制混凝土构件	m^3	23033	90.00	90.00	90.00	90.00
水泥砂浆	m^3	47020	23.74	20.47	19.04	18.36
其他材料费	%	11997	0.50	0.50	0.50	0.50

6-21　混凝土凿毛

工作内容：凿毛深度 2 cm～3 cm、清理废渣、冲洗凿面。

单位：100 m^3

定额编号			D060088	D060089	D060090
项目			水平面	垂直面	仰面
名称	单位	代号	数量		
人工	工时	11010	164.70	229.80	324.50
零星材料费	%	11998	5.00	5.00	5.00
注：洞内作业，人工乘以 1.2 的系数。					

6-22　混凝土凿除

工作内容：风钻钻孔、人工凿除，人工清理堆放的混凝土渣。

单位：100 m^3

定额编号			D060091
项目			混凝土凿除
名称	单位	代号	数量
人工	工时	11010	3 828.40
空心钢	kg	20031	44.04
水	m^3	43013	24.90
合金钻头	个	22019	23.87
其他材料费	%	11997	5.00
风钻 手持式	台时	01096	139.33
风镐(铲) 手持式	台时	01098	34.80

6-23 液压岩石破碎机拆除混凝土

工作内容:破碎、撬移、解小、翻渣、清面。

单位:100 m³

定额编号			D060092	D060093	D060094
项目			液压岩石破碎机拆除混凝土		
			挖掘机 0.6 m³	挖掘机 1.0 m³	挖掘机 1.6 m³
名称	单位	代号	数量		
人工	工时	11010	12.00	12.00	12.10
零星材料费	%	11998	5.00	5.00	5.00
单斗挖掘机 液压斗容 0.6 m³	台时	01008	45.95	—	—
单斗挖掘机 液压斗容 1.0 m³	台时	01009	—	33.62	—
单斗挖掘机 液压斗容 1.6 m³	台时	01010	—	—	24.04
注:拆除钢筋混凝土,定额乘以 1.3 的系数。					

6-24 混凝土爆破拆除

工作内容:钻孔、爆破、撬移、解小、翻渣、清面。

单位:100 m³

定额编号			D060095
项目			混凝土爆破拆除
名称	单位	代号	数量
人工	工时	11010	236.70
空心钢	kg	20031	22.17
炸药	kg	43015	36.34
导电线	m	38001	502.18
电雷管	个	43004	102.79
非电毫秒雷管	个	43005	1 025.20
合金钻头	个	22019	14.39
其他材料费	%	11997	10.00
风钻 手持式	台时	01096	83.82
注 1:只有底部一层钢筋的按混凝土计。 **注 2**:拆除钢筋混凝土,定额乘以 1.3 的系数。			

6-25 破碎剂胀裂拆除混凝土

单位:100 m^3

定额编号			D060096
项目			破碎剂胀裂拆除混凝土
名称	单位	代号	数量
人工	工时	11010	1 038.50
空心钢	kg	20031	109.26
水	m^3	43013	101.84
破碎剂	kg	30018	1 657.19
合金钻头	个	22019	36.63
其他材料费	%	11997	5.00
风钻 手持式	台时	01096	213.60
风镐(铲) 手持式	台时	01098	199.99
其他机械费	%	11999	5.00
注:拆除钢筋混凝土,定额乘以1.3的系数。			

6-26 预制混凝土梁、板整体拆除

工作内容:切割、拆除,汽车起重机吊移。

单位:100 m^3

定额编号			D060097	D060098	D060099	D060100	D060101	D060102
项目			混凝土构件体积/m^3					
			≤0.5	1.0	2.0	4.0	6.0	8.0
名称	单位	代号	数量					
人工	工时	11010	464.00	451.50	435.70	417.30	413.40	413.60
零星材料费	%	11998	5.00	5.00	5.00	5.00	5.00	5.00
汽车起重机 起重量5.0 t	台时	04085	23.36	—	—	—	—	—
汽车起重机 起重量8.0 t	台时	04087	—	16.82	—	—	—	—
汽车起重机 起重量16 t	台时	04090	—	—	10.89	—	—	—
汽车起重机 起重量30 t	台时	04093	—	—	—	6.72	—	—
汽车起重机 起重量50 t	台时	04095	—	—	—	—	5.33	—
汽车起重机 起重量70 t	台时	04096	—	—	—	—	—	4.62
注:拆除的混凝土构件运输另计。								

6-27 模袋混凝土

工作内容：护坡、护底。

适用范围：陆上——清理、平整，铺设模袋，混凝土拌和及充灌。

单位：100 m^3

定额编号			D060103	D060104	D060105
项目			陆上		
			混凝土厚度/cm		
			15	20	30
名称	单位	代号	数量		
人工	工时	11010	1 138.40	932.30	743.20
土工模袋	m^2	21014	1 455.61	1 087.62	722.10
混凝土	m^3	47006	103.00	103.00	103.00
其他材料费	%	11997	1.00	1.00	1.00
混凝土搅拌机 出料 0.4 m^3	台时	02002	23.22	23.22	23.22
混凝土输送泵 输出量 30 m^3/h	台时	02032	13.34	12.80	12.51
胶轮车	台时	03074	107.25	107.25	107.25

适用范围：水下——清理、平整，潜水员配合控制、铺设模袋，混凝土拌和及充灌。

单位：100 m^3

定额编号			D060106	D060107	D060108	D060109	D060110	D060111
项目			水下					
			水深/m					
			≤10			>10		
			混凝土厚度/cm					
			20	30	40	20	30	40
名称	单位	代号	数量					
人工	工时	11010	1 169.60	1 083.30	991.80	856.10	796.00	723.10
土工模袋	m^2	21014	1 111.52	737.39	547.73	1 111.52	737.39	547.73
混凝土	m^3	47006	104.00	104.00	104.00	104.00	104.00	104.00
其他材料费	%	11997	2.00	2.00	2.00	2.00	2.00	2.00
混凝土搅拌机 出料 0.4 m^3	台时	02002	23.27	23.27	23.27	23.27	23.27	23.27
混凝土输送泵 输出量 30 m^3/h	台时	02032	14.00	13.73	13.46	13.99	13.70	13.48
胶轮车	台时	03074	107.23	107.23	107.23	107.23	107.23	107.23
拖轮 功率 110 kW	台时	07135	—	—	—	15.84	15.50	15.19
甲板驳 载重量 100 t～200 t	台时	07197	—	—	—	15.84	15.50	15.19

6-28 缆索吊装预制混凝土槽身、排架、拱肋、梁

工作内容：构件吊装、校正、固定、焊接、二期混凝土浇筑、填缝灌浆。

单位：100 m^3

定额编号			D060112	D060113	D060114	D060115	D060116
项目			槽身	排架	矩形拱肋	箱形拱肋	梁
名称	单位	代号	数量				
人工	工时	11010	1 624.40	1 680.50	2 510.50	2 784.30	737.70
预制混凝土构件	m^3	23033	100.00	100.00	100.00	100.00	100.00
锯材	m^3	24003	1.48	2.02	1.21	1.21	0.70
砂浆	m^3	47013	96.85	96.38	102.11	—	—
混凝土	m^3	47006	6.51	7.39	1.75	—	—
钢筋	kg	20017	—	631.17	—	—	—
型钢	kg	20037	—	9.76	4.70	—	—
钢板	kg	20009	—	—	159.11	—	—
电焊条	kg	22009	27.67	23.45	37.15	42.76	—
组合钢模板	kg	44004	24.61	25.22	4.45	—	—
卡扣件	kg	44002	12.24	15.46	6.25	—	—
铁件	kg	22062	15.06	—	30.41	47.66	—
其他材料费	%	11997	0.50	0.50	0.50	0.50	0.50
简易缆索起重机 起重量×跨距 40 t×200 m	台时	04019	24.13	41.24	41.29	45.82	15.67
卷扬机 单筒慢速 起重量 3.0 t	台时	04142	49.44	27.13	132.04	152.18	—
电焊机 交流 25 kVA	台时	09132	31.90	26.74	42.54	48.46	—
其他机械费	%	11999	1.00	1.00	1.00	1.00	1.00
混凝土拌制	m^3	11104	6.51	7.39	1.75	—	—
混凝土运输	m^3	11105	6.51	7.39	1.75	—	—
砂浆拌制	m^3	11108	96.85	96.38	102.11	—	—
砂浆运输	m^3	11109	96.85	96.38	102.11	—	—

注 1：本节简易缆索起重机跨距按实际选取。

注 2：双曲拱波吊装采用矩形拱肋子目。

注 3：腹拱肋吊装采用箱形拱肋子目。

6-29 混凝土管安装

工作内容:测量、就位、接头胶圈安放、抹砂浆。
适用范围:各类混凝土管道。

单位:100 m

定额编号			D060117	D060118	D060119	D060120	D060121
项目			平段管道内径/m				
			0.8	1.0	1.2	1.4	1.6
名称	单位	代号	数量				
人工	工时	11010	400.50	534.80	598.40	867.40	996.90
预制混凝土管	m	23034	100.00	100.00	100.00	100.00	100.00
橡胶止水圈	根	29011	21.11	21.11	21.11	26.17	26.17
锯材	m^3	24003	1.00	1.00	1.00	2.00	2.00
型钢	kg	20037	8.07	10.01	12.07	14.10	17.07
铁丝	kg	20033	27.07	34.09	40.08	47.45	55.26
其他材料费	%	11997	3.00	3.00	3.00	3.00	3.00
电动葫芦 起重量 3.0 t	台时	04128	55.13	75.41	85.73	120.41	130.72
卷扬机 单筒慢速 起重量 3.0 t	台时	04142	30.26	40.19	45.32	60.47	65.39
其他机械费	%	11999	10.00	10.00	10.00	10.00	10.00

工作内容:测量、就位、接头胶圈安放、抹砂浆。

单位:100 m

定额编号			D060122	D060123	D060124	D060125	D060126
项目			斜段管道内径/m				
			0.8	1.0	1.2	1.4	1.6
名称	单位	代号	数量				
人工	工时	11010	600.10	870.70	937.50	1 262.70	1 465.90
预制混凝土管	m	23034	100.00	100.00	100.00	100.00	100.00
橡胶止水圈	根	29011	21.11	21.11	21.11	26.17	26.17
锯材	m^3	24003	1.00	1.00	1.00	2.00	2.00
型钢	kg	20037	12.06	16.08	19.02	22.19	25.03
铁丝	kg	20033	40.19	52.23	61.20	71.31	82.63
其他材料费	%	11997	3.00	3.00	3.00	3.00	3.00
电动葫芦 起重量 3.0 t	台时	04128	85.56	115.71	125.78	176.60	201.32
卷扬机 单筒慢速 起重量 3.0 t	台时	04142	40.09	55.06	65.49	90.37	100.21
其他机械费	%	11999	10.00	10.00	10.00	10.00	10.00

6－30　搅拌机拌制混凝土

工作内容：场内配运水泥、骨料，投料、加水、加外加剂、搅拌、出料、清洗。

单位：100 m^3

定额编号			D060127	D060128
项目			搅拌机 出料/m^3	
			0.4	0.8
名称	单位	代号	数量	
人工	工时	11010	285.50	213.40
零星材料费	%	11997	2.00	2.00
混凝土搅拌机 出料 0.4 m^3	台时	02002	18.08	—
混凝土搅拌机 出料 0.8 m^3	台时	02003	—	8.70
胶轮车	台时	03074	83.50	83.50

6－31　搅拌楼拌制混凝土

工作内容：储料、配料、分料、搅拌、加水、加外加剂、出料、机械清洗。

单位：100 m^3

定额编号			D060129	D060130	D060131	D060132	D060133
项目			搅拌楼容量/m^3				
			2×1.0	2×1.5	3×1.5	2×3.0	4×3.0
名称	单位	代号	数量				
人工	工时	11010	45.50	34.80	21.20	17.60	10.70
零星材料费	%	11998	5.00	5.00	5.00	5.00	5.00
骨料系统	组时	11102	2.89	2.00	1.42	1.19	0.59
水泥系统	组时	11110	2.89	2.00	1.42	1.19	0.59
混凝土搅拌楼 装机(台数×出料)2×1.0 m^3	台时	02013	2.88	—	—	—	—
混凝土搅拌楼 装机(台数×出料)2×1.5 m^3	台时	02014	—	2.01	—	—	—
混凝土搅拌楼 装机(台数×出料)2×3.0 m^3	台时	02016	—	—	—	1.18	—
混凝土搅拌楼 装机(台数×出料)3×1.5 m^3	台时	02018	—	—	1.42	—	—
混凝土搅拌楼 装机(台数×出料)4×3.0 m^3	台时	02021	—	—	—	—	0.60

6-32 强制式搅拌楼拌制混凝土

工作内容：输入配合比程序、进料、加水、加外加剂、拌和、出料、机械清洗。

单位：100 m^3

定额编号			D060134	D060135
项目			搅拌楼容量/m^3	
			1×2.0	2×2.5
名称	单位	代号	数量	
人工	工时	11010	33.30	16.50
零星材料费	%	11998	5.00	5.00
骨料系统	组时	11102	1.68	0.77
水泥系统	组时	11110	1.68	0.77
混凝土搅拌楼装机(台数×出料)1×2.0 m^3	台时	02012	1.68	—
混凝土搅拌楼装机(台数×出料)2×2.5 m^3	台时	02015	—	0.77

6-33 胶轮车运混凝土

工作内容：装车、运输、卸料、清洗。

单位：100 m^3

定额编号			D060136	D060137	D060138	D060139	D060140	D060141
项目			运距/m					增运 50 m
			50	100	200	300	400	
名称	单位	代号	数量					
人工	工时	11010	75.00	100.30	156.50	214.40	269.90	28.30
零星材料费	%	11998	6.00	6.00	6.00	6.00	6.00	—
胶轮车	台时	03074	56.46	75.46	117.61	160.03	203.86	21.46
注：斗容在 0.12 m^3 左右的胶轮车及其他斗容近似的手推车，均适用本定额。								

6-34 机动翻斗车运混凝土

工作内容:装车、运输、卸料、空回。

单位:100 m³

定额编号			D060142	D060143	D060144	D060145	D060146	D060147
项目			运距/m					增运100 m
			100	200	300	400	500	
名称	单位	代号	数量					
人工	工时	11010	66.80	66.80	66.80	66.80	66.80	—
零星材料费	%	11998	5.00	5.00	5.00	5.00	5.00	—
机动翻斗车 载重量1.0 t	台时	03076	19.40	22.73	25.89	28.54	31.39	2.66
注:洞内运输,人工、机械定额乘以1.25的系数。								

6-35 自卸汽车运混凝土

工作内容:装车、运输、卸料、空回、清洗。

单位:100 m³

定额编号			D060148	D060149	D060150	D060151	D060152	D060153
项目			运距0.5 km					
			3.5 t自卸汽车运混凝土	5.0 t自卸汽车运混凝土	8.0 t自卸汽车运混凝土	10 t自卸汽车运混凝土	15 t自卸汽车运混凝土	20 t自卸汽车运混凝土
名称	单位	代号	数量					
人工	工时	11010	21.30	21.30	21.30	21.30	21.30	21.30
零星材料费	%	11998	5.00	5.00	5.00	5.00	5.00	5.00
自卸汽车 载重量3.5 t	台时	03011	16.29	—	—	—	—	—
自卸汽车 载重量5.0 t	台时	03012	—	12.15	—	—	—	—
自卸汽车 载重量8.0 t	台时	03013	—	—	9.20	—	—	—
自卸汽车 载重量10 t	台时	03015	—	—	—	8.68	—	—
自卸汽车 载重量15 t	台时	03017	—	—	—	—	5.74	—
自卸汽车 载重量20 t	台时	03019	—	—	—	—	—	4.63
注:洞内运输,人工、机械定额乘以1.25的系数。								

工作内容:装车、运输、卸料、空回、清洗。

单位:100 m³

定额编号			D060154	D060155	D060156	D060157	D060158	D060159
项目			运距 1.0 km					
			3.5 t 自卸汽车运混凝土	5.0 t 自卸汽车运混凝土	8.0 t 自卸汽车运混凝土	10 t 自卸汽车运混凝土	15 t 自卸汽车运混凝土	20 t 自卸汽车运混凝土
名称	单位	代号	数量					
人工	工时	11010	21.30	21.30	21.30	21.30	21.30	21.30
零星材料费	%	11998	5.00	5.00	5.00	5.00	5.00	5.00
自卸汽车 载重量 3.5 t	台时	03011	20.39	—	—	—	—	—
自卸汽车 载重量 5.0 t	台时	03012	—	15.43	—	—	—	—
自卸汽车 载重量 8.0 t	台时	03013	—	—	11.48	—	—	—
自卸汽车 载重量 10 t	台时	03015	—	—	—	10.79	—	—
自卸汽车 载重量 15 t	台时	03017	—	—	—	—	7.25	—
自卸汽车 载重量 20 t	台时	03019	—	—	—	—	—	5.81

工作内容:装车、运输、卸料、空回、清洗。

单位:100 m³

定额编号			D060160	D060161	D060162	D060163	D060164	D060165
项目			运距 2.0 km					
			3.5 t 自卸汽车运混凝土	5.0 t 自卸汽车运混凝土	8.0 t 自卸汽车运混凝土	10 t 自卸汽车运混凝土	15 t 自卸汽车运混凝土	20 t 自卸汽车运混凝土
名称	单位	代号	数量					
人工	工时	11010	21.30	21.30	21.30	21.30	21.30	21.30
零星材料费	%	11998	5.00	5.00	5.00	5.00	5.00	5.00
自卸汽车 载重量 3.5 t	台时	03011	27.09	—	—	—	—	—
自卸汽车 载重量 5.0 t	台时	03012	—	20.22	—	—	—	—
自卸汽车 载重量 8.0 t	台时	03013	—	—	14.32	—	—	—
自卸汽车 载重量 10 t	台时	03015	—	—	—	13.50	—	—
自卸汽车 载重量 15 t	台时	03017	—	—	—	—	9.00	—
自卸汽车 载重量 20 t	台时	03019	—	—	—	—	—	7.21

工作内容：装车、运输、卸料、空回、清洗。

单位：100 m^3

定额编号			D060166	D060167	D060168	D060169	D060170	D060171
项目			运距 3.0 km					
			3.5 t 自卸汽车运混凝土	5.0 t 自卸汽车运混凝土	8.0 t 自卸汽车运混凝土	10 t 自卸汽车运混凝土	15 t 自卸汽车运混凝土	20 t 自卸汽车运混凝土
名称	单位	代号	数量					
人工	工时	11010	21.30	21.30	21.30	21.30	21.30	21.30
零星材料费	%	11998	5.00	5.00	5.00	5.00	5.00	5.00
自卸汽车 载重量 3.5 t	台时	03011	31.83	—	—	—	—	—
自卸汽车 载重量 5.0 t	台时	03012	—	24.04	—	—	—	—
自卸汽车 载重量 8.0 t	台时	03013	—	—	16.90	—	—	—
自卸汽车 载重量 10 t	台时	03015	—	—	—	15.76	—	—
自卸汽车 载重量 15 t	台时	03017	—	—	—	—	10.48	—
自卸汽车 载重量 20 t	台时	03019	—	—	—	—	—	8.44

工作内容：装车、运输、卸料、空回、清洗。

单位：100 m^3

定额编号			D060172	D060173	D060174	D060175	D060176	D060177
项目			增运 0.5 km					
			3.5 t 自卸汽车运混凝土	5.0 t 自卸汽车运混凝土	8.0 t 自卸汽车运混凝土	10 t 自卸汽车运混凝土	15 t 自卸汽车运混凝土	20 t 自卸汽车运混凝土
名称	单位	代号	数量					
自卸汽车 载重量 3.5 t	台时	03011	2.93	—	—	—	—	—
自卸汽车 载重量 5.0 t	台时	03012	—	2.25	—	—	—	—
自卸汽车 载重量 8.0 t	台时	03013	—	—	1.22	—	—	—
自卸汽车 载重量 10 t	台时	03015	—	—	—	1.13	—	—
自卸汽车 载重量 15 t	台时	03017	—	—	—	—	0.77	—
自卸汽车 载重量 20 t	台时	03019	—	—	—	—	—	0.63

6-36 泻槽运送混凝土

工作内容：开、关贮料斗活门，扒料，冲洗料斗泻槽。

单位：100 m^3

定额编号			D060178	D060179	D060180	D060181
项目			泻槽斜长/m			增运 2.0 m
			5.0	7.0	9.0	
名称	单位	代号	数量			
人工	工时	11010	32.00	35.50	39.20	4.00
零星材料费	%	11998	20.00	20.00	20.00	—
注：泻槽摊销费已计入零星材料费中。						

6-37 胶带机运送混凝土

工作内容：给料、运输、卸料、清洗皮带。

单位：100 m^3

定额编号			D060182	D060183	D060184	D060185
项目			胶带宽度/mm			
			800	1 000	1 200	1 400
名称	单位	代号	数量			
人工	工时	11010	9.40	6.60	4.70	4.00
零星材料费	%	11998	1.00	1.00	1.00	1.00
胶带输送机	组时	11107	0.50	0.35	0.20	0.15
给料机 电磁式 45DA	台时	05094	0.50	0.35	0.20	0.15

6－38　搅拌车运混凝土

工作内容:装车、运输、卸料、空回、清洗。

适用范围:配合搅拌机(楼)直接装车。

单位:100 m^3

定额编号			D060186	D060187	D060188	D060189	D060190
项目			运距/km				增运 0.5 km
			0.5	1.0	2.0	3.0	
名称	单位	代号	数量				
人工	工时	11010	21.30	21.30	21.30	21.30	—
零星材料费	%	11998	2.00	2.00	2.00	2.00	—
混凝土搅拌车 轮胎式 混凝土容积 3.0 m^3	台时	02027	15.54	18.20	21.92	24.99	1.50

注1:如采用 6.0 m^3 混凝土搅拌车,机械定额乘以 0.52 的系数。

注2:洞内运输,人工、机械定额乘以 1.25 的系数。

6－39　塔、胎带机运送混凝土

工作内容:给料、运输、卸料、清洗皮带。

适用范围:配合胶带机或贮料斗(胎带机)。

单位:100 m^3

定额编号			D060191	D060192
项目			塔带机	胎带机
名称	单位	代号	数量	
人工	工时	11010	1.30	10.40
零星材料费	%	11998	1.00	1.00
胎带机 ROTECC200－24 生产率 400 m^3/h	台时	02045	—	0.88
塔带机 TC/TB2400 生产率 400 m^3/h	台时	02046	0.56	—
载重汽车 载重量 15 t	台时	03009	—	0.06
汽车起重机 起重量 25 t	台时	04092	—	0.06

注:胎带机若配合胶带机进料,则取消载重汽车、汽车起重机。

6-40 缆索起重机吊运混凝土

适用范围:汽车运混凝土罐。

单位:100 m^3

定额编号			D060193	D060194	D060195	D060196	D060197	D060198
项目			混凝土吊罐/m^3					
			3.0			6.0		
			提升 50 m 滑行 50 m	提升每增 50 m	滑行每增 50 m	提升 50 m 滑行 50 m	提升每增 50 m	滑行每增 50 m
名称	单位	代号	数量					
人工	工时	11010	24.70	2.00	2.00	14.30	1.20	1.20
零星材料费	%	11998	6.00	—	—	6.00	—	—
混凝土吊罐 容积 3.0 m^3	台时	02078	1.95	0.20	0.10	—	—	—
混凝土吊罐 容积 6.0 m^3	台时	02079	—	—	—	1.14	0.12	0.06
简易缆索起重机 起重量×跨距 20 t×200 m	台时	04015	1.95	0.20	0.10	1.14	0.12	0.06
注 1:本节简易缆索起重机跨距按实际选取。 **注 2**:不适用于高速缆机。								

6-41 门座式起重机吊运混凝土

适用范围:汽车运混凝土罐。

单位:100 m^3

定额编号			D060199	D060200	D060201	D060202	D060203	D060204
项目			混凝土吊罐/m^3					
			6.0			3.0		
			吊高/m					
			≤10	10~30	>30	≤10	10~30	>30
名称	单位	代号	数量					
人工	工时	11010	12.10	15.40	17.30	13.30	17.40	20.00
零星材料费	%	11998	6.00	6.00	6.00	6.00	6.00	6.00
混凝土吊罐 容积 3.0 m^3	台时	02078	—	—	—	2.30	2.96	3.47
混凝土吊罐 容积 6.0 m^3	台时	02079	1.26	1.65	1.91	—	—	—
门座式起重机 MQ540/30 型 起重量 10 t~30 t	台时	04024	—	—	—	2.30	2.96	3.47
门座式起重机 SDMQ1260/60 型 起重量 20 t~60 t	台时	04026	1.26	1.65	1.91	—	—	—
注:适用于吊罐直接入仓,如卸入溜筒转运,人工、机械定额乘以 1.25 的系数。								

6-42 塔式起重机吊运混凝土

适用范围:汽车运混凝土罐。

单位:100 m^3

定额编号			D060205	D060206	D060207	D060208	D060209	D060210
项目			混凝土吊罐/m^3					
			6.0			3.0		
			吊高/m					
			≤10	10~30	>30	≤10	10~30	>30
名称	单位	代号	数量					
人工	工时	11010	12.00	14.70	17.30	13.40	16.60	19.40
零星材料费	%	11998	6.00	6.00	6.00	6.00	6.00	6.00
混凝土吊罐 容积 3.0 m^3	台时	02078	—	—	—	2.16	2.80	3.25
混凝土吊罐 容积 6.0 m^3	台时	02079	1.26	1.65	1.91	—	—	—
塔式起重机 起重量 25 t	台时	04032	—	—	—	2.16	2.80	3.25
塔式起重机 SDTQ1800/60 型	台时	04033	1.26	1.65	1.91	—	—	—
注:适用于吊罐直接入仓,如卸入溜筒转运,人工、机械定额乘以 1.25 的系数。								

单位:100 m^3

定额编号			D060211	D060212	D060213	D060214	D060215	D060216
项目			混凝土吊罐/m^3					
			1.6			0.65		
			吊高/m					
			≤10	10~30	>30	≤10	10~30	>30
名称	单位	代号	数量					
人工	工时	11010	32.20	40.60	48.70	79.90	93.80	107.40
零星材料费	%	11998	6.00	6.00	6.00	6.00	6.00	6.00
混凝土吊罐 容积 1.0 m^3	台时	02076	—	—	—	11.07	13.23	14.88
混凝土吊罐 容积 2.0 m^3	台时	02077	4.49	5.68	6.76	—	—	—
塔式起重机 起重量 6.0 t	台时	04028	4.49	5.68	6.76	11.07	13.23	14.88

6-43 履带机吊运混凝土、块石

工作内容：指挥、挂脱吊钩、吊运、卸料入仓或贮料斗，装石入钢丝网、冲洗毛石、吊回空网和混凝土罐、清洗。

适用范围：履带机改装的起重机、汽车运混凝土罐。

单位：100 m^3

定额编号			D060217	D060218	D060219
项目			吊运混凝土		吊运块石
			吊高/m		
			≤15	>15	
名称	单位	代号	数量		
人工	工时	11010	11.30	16.00	27.40
零星材料费	%	11998	10.00	10.00	5.00
混凝土吊罐 容积 3.0 m^3	台时	02078	1.60	2.30	—
履带起重机油动 起重量 25 t	台时	04077	1.60	2.30	4.07

注 1：适用于吊罐直接入仓，如卸入溜筒转运，人工、机械定额乘以 1.25 的系数。

注 2：块石按松方计。

6-44 平洞衬砌混凝土运输

工作内容：装料、平洞内外或井内运输、卸料、组车、空回。

适用范围：用于平洞衬混凝土运输。

单位：100 m^3

定额编号			D060220	D060221	D060222	D060223
项目			平洞段		斜井段	竖井段
			运距 200 m	增运 100 m	≤900 m	≤100 m
名称	单位	代号	数量			
人工	工时	11010	70.60	4.00	12.00	12.10
零星材料费	%	11998	2.00	—	2.00	2.00
吊斗(桶)斗容 2.0 m^3	台时	01138	—	—	—	11.09
电瓶机车 重量 5.0 t	台时	03103	7.64	0.70	—	—
V形斗车 窄轨 容积 1 m^3	台时	03124	92.17	4.80	32.44	—
胶带输送机 移动式 带宽×带长 500 mm×10 m	台时	03165	7.64	—	—	—
绞车 双筒 卷筒直径×卷筒宽度 1.2 m×1.0m 75 kW	台时	04174	—	—	5.53	5.53
其他机械费	%	11999	3.00	—	5.00	5.00

注：运距按洞内与洞外运距之和计算。

6-45 挖孔桩衬砌混凝土运输

工作内容：井口 30 m 装料、挖孔桩运输、卸料、空回。

单位：100 m^3

定额编号			D060224
项目			挖孔桩
名称	单位	代号	数量
人工	工时	11010	82.30
零星材料费	%	11998	2.00
吊斗(桶)斗容 2.0 m^3	台时	01138	21.05
绞车 单筒 卷筒直径×卷筒宽度 1.2 m×1.0 m 30kW	台时	04165	10.55
其他机械费	%	11999	5.00

6-46 斜坡道吊运混凝土

工作内容：装车、吊运、卸料、滑槽出料、清洗。

单位：100 m^3

定额编号			D060225	D060226	D060227	D060228	D060229
项目			吊运斜距/m				增运 5.0 m
			20	30	40	50	
名称	单位	代号	数量				
人工	工时	11010	27.90	34.40	43.30	46.80	3.50
零星材料费	%	11998	6.00	6.00	6.00	6.00	—
V形斗车 窄轨 容积 1.0 m^3	台时	03124	4.30	5.30	6.31	7.25	0.42
卷扬机 单筒慢速 起重量 10 t	台时	04145	4.30	5.30	6.31	7.25	0.42

6-47 胶轮车运混凝土预制板

工作内容:装车、运输、卸车、堆放、空回。

单位:100 m^3

定额编号			D060230	D060231
项目			装运 50 m	增运 25 m
名称	单位	代号	数量	
人工	工时	11010	253.60	14.70
零星材料费	%	11998	4.00	—
胶轮车	台时	03074	190.93	11.00
注:本节定额适用于运距小于等于 200 m。				

6-48 人工装手扶拖拉机运混凝土预制板

工作内容:装车、运输、卸车、堆放、空回。

单位:100 m^3

定额编号			D060232	D060233	D060234	D060235	D060236
项目			运距/m				增运 50 m
			50	100	200	300	
名称	单位	代号	数量				
人工	工时	11010	177.50	177.50	177.50	177.50	—
零星材料费	%	11998	3.00	3.00	3.00	3.00	—
拖拉机 手扶式 功率 11 kW	m^3	01066	53.28	54.76	58.31	61.50	1.26

6-49 简易龙门式起重机吊运预制混凝土构件

工作内容:装车、平运 200 m 以内、卸车。

适用范围:单件重量小于 40 t 的预制混凝土渡槽槽壳、拱肋、排架等大型构件由预制场至安装地点运输。

单位:100 m^3

定额编号			D060237	D060238	D060239
项目			槽壳	拱肋	其他
名称	单位	代号	数量		
人工	工时	11010	113.50	194.40	100.00
锯材	m^3	24003	0.30	0.30	0.20
铁件	kg	22062	12.04	12.04	8.03
其他材料费	%	11997	10.00	10.00	10.00
简易龙门式起重机 起重量 40 t	台时	04040	12.00	20.55	10.57
其他机械费	%	11999	10.00	10.00	10.00

6-50 汽车运预制混凝土构件

工作内容:装车、运输、卸车并按指定地点堆放等。

单位:100 m^3

定额编号			D060240	D060241	D060242	D060243
项目			一般混凝土构件			
			运距/km			增运 1.0 km
			1.0	2.0	3.0	
名称	单位	代号	数量			
人工	工时	11010	87.20	87.20	87.20	—
锯材	m^3	24003	0.10	0.10	0.10	—
铁件	kg	22062	12.09	12.09	12.09	—
其他材料费	%	11997	3.00	3.00	3.00	—
载重汽车 载重量 10 t	台时	03007	23.03	26.23	29.30	2.85
汽车起重机 起重量 5.0 t	台时	04085	13.00	13.00	13.00	—
其他机械费	%	11999	1.00	1.00	1.00	—

工作内容:装车、运输、卸车并按指定地点堆放等。

单位:100 m³

定额编号			D060244	D060245	D060246	D060247
项目			截流用预制块			
			运距/km			增运 1.0 km
			1.0	2.0	3.0	
名称	单位	代号	数量			
人工	工时	11010	38.90	38.90	38.90	—
自卸汽车 载重量 20 t	台时	03019	9.08	11.53	13.97	1.40
汽车起重机 起重量 10 t	台时	04088	5.84	5.84	5.84	—
其他机械费	%	11999	1.00	1.00	1.00	—

6-51 胶轮车运沥青混凝土

工作内容:装车、运输、卸料、清理等。
适用范围:人工。

单位:100 m³

定额编号			D060248	D060249	D060250	D060251	D060252	D060253
项目			运距/m					增运 50 m
			50	100	200	300	400	
名称	单位	代号	数量					
人工	工时	11010	96.80	129.80	204.40	278.50	352.40	37.10
零星材料费	%	11998	6.00	6.00	6.00	6.00	6.00	—
胶轮车	台时	03074	72.88	97.91	153.83	208.25	263.37	27.88

6-52 斗车运沥青混凝土

工作内容：装车、运输、卸料、清理等。
适用范围：人工。

单位：100 m^3

定额编号			D060254	D060255	D060256	D060257	D060258	D060259
项目			运距/m					增运 50 m
			50	100	200	300	400	
名称	单位	代号	数量					
人工	工时	11010	79.80	97.40	131.40	165.60	200.10	17.00
零星材料费	%	11998	6.00	6.00	6.00	6.00	6.00	—
V形斗车 窄轨 容积 0.6 m^3	台时	03123	29.95	36.42	49.73	61.96	75.03	6.02

6-53 机动翻斗车运沥青混凝土

工作内容：装车、运输、卸料、空回。

单位：100 m^3

定额编号			D060260	D060261	D060262	D060263	D060264	D060265
项目			运距/m					增运 100 m
			100	200	300	400	500	
名称	单位	代号	数量					
人工	工时	11010	87.20	87.20	87.20	87.20	87.20	—
零星材料费	%	11998	5.00	5.00	5.00	5.00	5.00	—
机动翻斗车 载重量 1.0 t	台时	03076	25.16	29.56	33.63	37.17	40.62	3.47

6-54 止 水

单位:100 m

定额编号			D060266	D060267	D060268	D060269	D060270
项目			铜片止水	铁片止水	塑料止水	橡胶止水	菱形接缝
名称	单位	代号	数量				
人工	工时	11010	514.90	179.30	149.10	164.60	652.90
塑料止水带	m	29008	—	—	103.75	—	—
橡胶止水带	m	29010	—	—	—	103.65	—
焊锡	kg	22015	—	4.21	—	—	—
伸缩节	套	33003	—	—	—	—	67.61
混凝土 U 形管	m	32021	—	—	—	—	108.25
镀锌铁管	m	20005	—	—	—	—	210.60
木柴	kg	43011	570.00	570.00	—	—	800.00
紫铜片 厚 1.5 mm	kg	20039	562.99	—	—	—	—
沥青	t	29006	1.72	1.71	—	—	2.41
钢筋	kg	20017	—	—	—	—	331.97
水泥	t	23026	—	—	—	—	0.21
白铁皮 厚 0.82 mm	kg	20002	—	204.48	—	—	—
铁钉	kg	22061	—	1.82	—	—	—
铁件	kg	22062	—	—	—	—	52.02
铜电焊条	kg	22068	3.14	—	—	—	—
其他材料费	%	11997	1.00	1.00	1.00	1.00	1.00
胶轮车	台时	03074	8.81	7.64	—	—	12.47
电焊机 交流 25 kVA	台时	09132	13.53	—	—	—	—

注 1: 紫铜片规格为 0.001 5 m×0.4 m×1.5 m,损耗率 5%。

注 2: 白铁皮规格为 0.000 82 m×0.3 m×20 m,损耗率 5%。

6－55 沥青砂柱止水

工作内容：清洗缝面、熔化沥青、烤砂、拌和、洗模、拆模、安装。

单位：100 m

定额编号			D060271	D060272	D060273	D060274	D060275	D060276
项目			质量配合比					
			1.0∶2.0			2.0∶1.0		
			直径/cm					
			10	20	30	10	20	30
名称	单位	代号	数量					
人工	工时	11010	191.70	373.20	673.60	189.20	366.60	660.90
砂	m^3	23020	0.69	2.77	6.25	0.29	1.16	2.62
木柴	kg	43011	330.00	1 340.00	3 020.00	570.00	2 270.00	5 180.00
沥青	t	29006	0.50	2.01	4.53	0.86	3.40	7.67
其他材料费	%	11997	1.00	1.00	1.00	1.00	1.00	1.00
胶轮车	台时	03074	6.06	23.63	53.52	5.20	20.83	47.50

注1：定额不包括外模制作的人工和材料。

注2：质量配合比指沥青∶砂。

6－56 渡槽止水及支座

工作内容：止水——模板制作、安装、拆除、修理，填料配制、填塞、养护。

支座——放线、定位、校正、焊接、安装。

单位：100 m^3

定额编号			D060277	D060278	D060279	D060280
项目			止水			支座
			100 延长米			个
			环氧粘橡皮	木屑水泥	胶泥填料	盆式橡胶支座
名称	单位	代号	数量			
人工	工时	11010	840.70	268.20	315.40	35.40
砂	m^3	23020	0.25	—	—	—
橡胶止水带	m	29010	105.37	—	—	—
环氧树脂	kg	30008	66.38	—	—	—
粉煤灰	kg	23008	—	—	27.50	—
无水乙二胺	kg	30028	5.84	—	—	—
二丁酯	kg	30004	9.99	—	27.30	—
煤焦油	kg	30015	—	—	274.68	—
聚氯乙烯粉	kg	300013	—	—	27.47	—

续表

单位:100 m^3

定额编号			D060277	D060278	D060279	D060280
项目			止水			支座
			100 延长米			个
			环氧粘橡皮	木屑水泥	胶泥填料	盆式橡胶支座
名称	单位	代号	数量			
硬脂酸钙	kg	30038	—	—	2.72	—
木屑	kg	24005	—	811.66	—	—
麻丝	kg	21010	—	13.44	—	—
盆式橡胶支座	个	45006	—	—	—	1.01
麻絮	kg	21011	92.82	—	—	—
甲苯	kg	30010	10.03	—	—	—
锯材	m^3	24003	0.30	0.88	—	—
沥青	t	29006	0.14	—	—	—
钢筋	kg	20017	—	—	—	9.34
型钢	kg	20037	—	—	—	48.77
电焊条	kg	22009	—	—	—	3.12
水	m^3	43013	37.16	6.02	—	—
水泥	t	23026	0.17	1.79	—	—
铁钉	kg	22061	—	2.62	—	—
铁件及预埋铁件	kg	22063	—	83.41	—	—
其他材料费	%	11997	1.00	1.00	1.00	1.00
电焊机 交流 25 kVA	台时	09132	—	—	—	1.49

6-57 趾板止水

工作内容:底座清刷、烘干、涂料、嵌缝、固定扣板(或面膜)以及沥青杉板制作、安装,橡胶止水带铺设,止水铜片制作、安装。

适用范围:坝混凝土面板与趾板间的止水。

单位:100 m

定额编号			D060281	D060282
项目			三道止水	二道止水
名称	单位	代号	数量	
人工	工时	11010	1 035.80	349.80
橡胶止水带	m	29010	103.39	103.59
PVC 板 厚 6.0 mm	m^2	26003	59.00	—
底料	kg	23006	—	120.00
镀锌角钢	kg	20004	780.59	—

续表

单位：100 m

定额编号			D060281	D060282
项目			三道止水	二道止水
名称	单位	代号	数量	
锯材	m^3	24003	0.57	0.28
氯丁橡胶棒 ϕ25	m	21005	206.86	—
氯丁橡胶管 ϕ50	m	32023	103.49	—
氯丁橡胶膜	m^2	21006	—	47.43
木柴	kg	43011	550.00	200.00
塑性填料	t	30026	5.70	3.44
紫铜片 厚 1 mm	kg	20040	499.33	—
沥青	t	29006	0.50	—
铜电焊条	kg	22068	3.11	—
其他材料费	%	11997	0.50	0.50
胶轮车	台时	03074	16.16	8.04
电焊机 交流 25 kVA	台时	09132	13.58	—

注 1：三道止水是指塑性填料、橡胶止水、铜片止水的表面用扣板保护、镀锌角钢固定，适用于较高坝体。

注 2：二道止水是指塑性填料、橡胶止水的表面用氯丁橡胶薄膜保护，适用于较低坝体。

6－58 防水层

工作内容：抹水泥砂浆，清洗、拌和、抹面；涂沥青，清洗、熔化、浇涂、搭拆跳板；麻布沥青，清洗、熔化、裁铺麻布、浇涂、搭拆跳板；青麻沥青，清洗、熔化、浸刷塞缝、浇涂沥青。

单位：100 m^2

定额编号			D060283	D060284	D060285	D060286	D060287
项目			抹水泥砂浆			涂沥青	
			立面	平面	拱面	立面拱面	平面
名称	单位	代号	数量				
人工	工时	11010	89.40	62.00	156.40	67.30	50.00
砂	m^3	23020	3.36	2.62	2.61	—	—
木柴	kg	43011	—	—	—	100.00	90.00
沥青	t	29006	—	—	—	0.29	0.26
水	m^3	43013	1.00	1.00	1.00	—	—
水泥	t	23026	1.53	1.14	1.14	—	—
其他材料费	%	11997	3.00	3.00	3.00	3.00	3.00
胶轮车	台时	03074	5.46	4.31	4.29	—	—

注 1：砌体倾斜与水平交角 30°以下为平面，大于 30°为立面。

注 2：抹水泥砂浆适用于料石砌体，如抹条片石砌体，人工定额乘以 1.3 的系数。

工作内容：抹水泥砂浆，清洗、拌和、抹面；涂沥青，清洗、熔化、浇涂、搭拆跳板；麻布沥青，清洗、熔化、裁铺麻布、浇涂、搭拆跳板；青麻沥青，清洗、熔化、浸刷塞缝、浇涂沥青。

单位：100 m²

定额编号			D060288	D060289	D060290
项目			麻布沥青		青麻沥青
			一布二油	二布三油	
名称	单位	代号	数量		
人工	工时	11010	102.50	149.20	365.40
麻布	m²	21007	120.21	241.16	—
麻刀	t	21009	—	—	0.44
木柴	kg	43011	160.00	210.00	910.00
沥青	t	29006	0.60	0.60	0.87
煤沥青	t	30016	—	—	1.73
其他材料费	%	11997	3.00	3.00	3.00

6－59　伸缩缝

工作内容：沥青油毛毡，清洗缝面、熔化、涂刷沥青、铺油毡；沥青木板，木板制作、熔化、涂沥青、安装。

单位：100 m²

定额编号			D060291	D060292	D060293	D060294
项目			沥青油毛毡			沥青木板
			一毡二油	二毡三油	三毡四油	
名称	单位	代号	数量			
人工	工时	11010	121.60	180.10	237.60	230.30
油毛毡	m²	21017	115.66	226.11	341.11	—
锯材	m³	24003	—	—	—	2.22
木柴	kg	43011	420.00	640.00	840.00	420.00
沥青	t	29006	1.23	1.84	2.46	1.24
其他材料费	%	11997	1.00	1.00	1.00	1.00
胶轮车	台时	03074	1.68	2.70	3.50	3.39

6-60 钢筋制作与安装

工作内容：回直、除锈、切断、弯制、焊接、绑扎及加工场地至施工场地运输。

适用范围：建筑物各部位及预制构件(泥浆护壁、机械凿孔的灌注桩除外)。

单位：1.0 t

定额编号			D060295
项目			钢筋制作与安装
名称	单位	代号	数量
人工	工时	11010	103.90
钢筋	kg	20017	1 030.00
电焊条	kg	22009	7.26
铁丝	kg	20033	4.00
其他材料费	%	11997	1.00
风(砂)水枪 耗风量 6.0 m^3/min	台时	02081	1.50
载重汽车 载重量 5.0 t	台时	03004	0.45
塔式起重机 起重量 10 t	台时	04030	0.10
电焊机 交流 25 kVA	台时	09132	10.02
对焊机电弧型 150 kVA	台时	09142	0.40
钢筋弯曲机 ϕ6～ϕ40	台时	09149	1.06
切断机 功率 20 kW	台时	09152	0.40
钢筋调直机 功率 4 kW～14 kW	台时	09153	0.60
其他机械费	%	11999	2.00
注：定额中钢筋含加工损耗，不包括搭接长度及施工架立筋用量。			

6-61 型钢制作与安装

工作内容：除锈、切断、弯制、焊接、绑扎及加工场地至施工场地运输。

单位：1.0 t

定额编号			D060296
项目			型钢制作与安装
名称	单位	代号	数量
人工	工时	11010	95.50
型钢	kg	20037	1 034.76
电焊条	kg	22009	8.04
其他材料费	%	11997	1.00

续表

单位:1.0 t

定额编号			D060296
项目			型钢制作与安装
名称	单位	代号	数量
风(砂)水枪 耗风量 6.0 m³/min	台时	02081	1.86
载重汽车 载重量 5.0 t	台时	03004	0.19
电焊机 交流 25 kVA	台时	09132	9.80
切断机 功率 20 kW	台时	09152	0.46

6-62 沥青混凝土面板

工作内容:沥青混凝土拌制、运输 1.5 km、现场浇筑及养护等。

适用范围:沥青混凝土防渗面板。

单位:100 m³

定额编号			D060297	D060298	D060299	D060300	D060301
项目			坡面		平面		运输增减 0.5 km
			开级配	密级配	开级配	密级配	
名称	单位	代号	数量				
人工	工时	11010	274.00	382.20	219.00	304.50	—
混凝土	m³	47006	103.00	103.00	103.00	103.00	—
其他材料费	%	11997	0.50	0.50	0.50	0.50	—
骨料沥青系统	组时	11101	5.25	5.66	5.25	5.66	—
拖拉机 履带式 功率 88 kW	台时	01063	6.39	9.55	1.91	2.87	—
混凝土搅拌楼 LB-1000	台时	02024	5.25	5.66	5.25	5.66	—
保温罐 容积 1.5 m³	台时	02067	52.08	56.47	52.52	56.14	4.27
沥青混凝土专用设备 摊铺机 GTLY750	台时	02073	6.36	9.55	3.83	5.72	—
沥青混凝土专用设备 振动碾 1.5 t	台时	02075	6.39	9.55	1.91	2.87	—
喂料小车	台时	02083	6.39	9.55	—	—	—
载重汽车 载重量 10 t	台时	03007	26.17	28.06	26.17	28.06	2.12
汽车起重机 起重量 10 t	台时	04088	6.39	9.55	6.39	9.55	—
卷扬机 单筒慢速 起重量 5.0 t	台时	04143	6.39	9.55	—	—	—
卷扬台车	台时	04161	6.39	9.55	—	—	—
其他机械费	%	11999	0.50	0.50	0.50	0.50	—
混凝土拌制	m³	11104	103.00	103.00	103.00	103.00	—
混凝土运输	m³	11105	103.00	103.00	103.00	103.00	—

6-63 沥青混凝土心墙

工作内容：模板转运、立拆模、清理、修整，沥青混凝土拌和、运输、铺筑及养护，施工层铺筑前的处理。

单位：100 m^3

定额编号			D060302	D060303	D060304	D060305
项目			（人工摊铺、机械碾压）		（机械摊铺碾压）	
			立模	铺筑	沥青混凝土	过渡料
名称	单位	代号	数量			
人工	工时	11010	220.20	254.80	158.00	32.20
过渡料	m^3	23009	—	—	—	115.00
混凝土	m^3	47006	—	105.00	105.00	—
组合钢模板	kg	44004	75.57	—	—	—
卡扣件	kg	44002	119.02	—	—	—
其他材料费	%	11997	0.50	0.50	0.50	0.50
骨料沥青系统	组时	11101	—	6.57	6.57	—
过渡料运输	m^3	11103	—	—	—	115.00
装载机 轮胎式斗容 3.0 m^3	台时	01031	—	—	1.85	1.85
混凝土搅拌楼 LB-1000	台时	02024	—	6.57	6.57	—
混凝土振动碾 BW90AD	台时	02059	—	1.67	1.67	—
混凝土振动碾 BW120AD-3	台时	02060	—	—	—	1.67
沥青混凝土专用设备 摊铺机 DF130C	台时	02074	—	—	1.85	1.85
载重汽车 载重量 5.0 t	台时	03004	19.83	—	—	—
自卸汽车 载重量(保温)8.0 t	台时	03014	—	11.37	11.37	—
其他机械费	%	11999	2.00	2.00	2.00	2.00
混凝土拌制	m^3	11104	—	105.00	105.00	—
混凝土运输	m^3	11105	—	105.00	105.00	—

注 1：当摊铺机仅摊铺沥青混凝土时，则沥青混凝土定额中的人工乘以 1.4 的系数、摊铺机乘以 3.0 的系数。

注 2：本定额是按心墙厚 100 m 拟定，当厚度不同时立模定额按下表系数调整：

心墙平均厚度/cm	50	60	70	80	90	100	110	120
调整系数	2.00	1.67	1.43	1.25	1.11	1.00	0.91	0.83

6-64 涂 层

工作内容：打扫表面杂物、浮土，人工配制、挑运、涂刷、用红外线加热器或硅碳棒加热沥青混凝土接缝。

适用范围：涂于底面石垫层或层间结合面上。

单位：100 m^2

定额编号			D060306	D060307	D060308	D060309	D060310
项目			涂层乳化沥青		稀释沥青	热沥青涂层	封闭层沥青胶
			开级配	密级配			
名称	单位	代号	数量				
人工	工时	11010	8.00	4.00	37.30	44.00	57.90
涂层	m^2	29009	102.00	102.00	102.00	102.00	102.00
其他材料费	%	11997	1.00	1.00	1.00	1.00	1.00

工作内容：打扫表面杂物、浮土，人工配制、挑运、涂刷、用红外线加热器或硅碳棒加热沥青混凝土接缝。

单位：100 m^2

定额编号			D060311	D060312
项目			岸边接头	
			热沥青胶	再生胶粉沥青胶
名称	单位	代号	数量	
人工	工时	11010	57.90	116.90
涂层	m^2	29009	102.00	102.00
其他材料费	%	11997	1.00	1.00

6-65 无砂混凝土垫层铺筑

工作内容：人工配料、机械拌和、翻斗车运输、卷扬机牵引运料车至坝面、人工摊铺。

单位：100 m^3

定额编号			D060313
项目			无砂混凝土垫层铺筑
名称	单位	代号	数量
人工	工时	11010	1 421.70
混凝土	m^3	47006	103.00
其他材料费	%	11997	0.50
混凝土搅拌机 出料 0.25 m^3	台时	02001	34.42
振捣器 插入式 功率 2.2 kW	台时	02050	33.89
沥青混凝土专用设备 摊铺机 TX150	台时	02071	33.89
机动翻斗车 载重量 1.0 t	台时	03076	38.45
卷扬机 单筒慢速 起重量 5.0 t	台时	04143	26.96
其他机械费	%	11999	0.50

6-66 斜墙碎石垫层面涂层

工作内容：沥青配制、运输、涂刷及坝面清扫等。

单位：100 m^2

定额编号			D060314	D060315
项目			乳化沥青	稀释沥青
名称	单位	代号	数量	
人工	工时	11010	14.60	36.50
烧碱	kg	30022	0.61	—
水玻璃	kg	30023	0.61	—
洗衣粉	kg	30030	0.82	—
柴油	kg	30003	—	143.00
沥青	t	29006	0.05	0.06
水	m^3	43013	0.15	—
其他材料费	%	11997	10.00	10.00

6-67 泵送混凝土

单位:100 m^3

定额编号			D060316	D060317	D060318	D060319
项目			混凝土泵 30 m^3/h			
			水平输送折算长度/m			
			50	100	150	200
名称	单位	代号	数量			
人工	工时	11010	24.10	25.10	27.30	28.10
零星材料费	%	11998	10.00	12.00	13.00	15.00
混凝土输送泵 输出量 30 m^3/h	台时	02032	5.57	5.89	6.16	6.55
注:垂直高度 1.0 m 折算水平长度 6.0 m。						

单位:100 m^3

定额编号			D060320	D060321	D060322
项目			混凝土泵 30 m^3/h		
			水平输送折算长度/m		
			250	300	350
名称	单位	代号	数量		
人工	工时	11010	32.10	33.10	34.20
零星材料费	%	11998	16.00	18.00	20.00
混凝土输送泵 输出量 30 m^3/h	台时	02032	7.43	7.73	7.92
注 1:垂直高度 1.0 m 折算水平长度 6.0 m。 **注 2:**当水平输送折算长度超过 350 m 时,每增加 50 m,按水平输送折算长度 350 m 相应定额中人工和机械消耗量乘以 1.05 的系数。					

单位:100 m^3

定额编号			D060323	D060324	D060325	D060326
项目			混凝土泵 60 m^3/h			
			水平输送折算长度/m			
			50	100	150	200
名称	单位	代号	数量			
人工	工时	11010	12.10	12.10	13.00	15.00
零星材料费	%	11998	10.00	12.00	13.00	15.00
混凝土输送泵 输出量 60 m^3/h	台时	02033	2.76	2.90	3.05	3.43
注:垂直高度 1.0 m 折算水平长度 6.0 m。						

单位:100 m^3

定额编号			D060327	D060328	D060329
项目			混凝土泵 60 m^3/h		
			水平输送折算长度/m		
			250	300	350
名称	单位	代号	数量		
人工	工时	11010	16.10	17.10	18.10
零星材料费	%	11998	16.00	18.00	20.00
混凝土输送泵 输出量 60 m^3/h	台时	02033	3.68	3.94	4.23

注 1:垂直高度 1.0 m 折算水平长度 6.0 m。

注 2:当水平输送折算长度超过 350 m 时,每增加 50 m,按水平输送折算长度 350 m 相应定额中人工和机械消耗量乘以 1.05 的系数。

7 生态恢复工程

说 明

一、本章包括栽种乔木、栽种灌木、直播种草、喷播植草、草皮铺种、三维网植草、绿化成活期养护、苗木运输、整理绿化用地等共10节。

二、本定额除本章节另有说明外，均不得对定额进行调整或换算。

三、植树定额如下。

1. 定额中包括种植前的准备，栽植时的用工用料和机械使用费以及栽植后10天以内的养护工作。

2. 定额按Ⅰ、Ⅱ类土拟定，若为Ⅲ类或Ⅳ类土时，在使用定额时其人工消耗数量应分别乘以1.25或1.45的调整系数。

3. 本章定额中“树苗”“种子”“草皮”应根据设计规定的乔木、灌木、草籽、草皮进行选用。

4. 定额中由于种类、地点和用途不同，草籽用量相差悬殊，使用时若与定额数量差异较大，应根据设计需要量计算，人工和其他定额不作调整。

四、工程量计算规则如下。

1. 乔木按设计图图示株数计算。

2. 灌木按设计图图示株数计算。

3. 种草按设计图图示面积计算。

4. 绿化用地按面积计算，种植土按回填体积计算。

5. 绿化成活期养护按养护的数量和时间计算。

7-1 栽种乔木

工作内容:挖坑、栽种(扶正、回土、提苗、捣实、筑水围)、浇水、覆土保墒、整形、清理。

单位:100 株

定额编号			D070001	D070002	D070003	D070004	D070005	D070006
项目			带土球					
			土球直径/cm					
			≤20	20～30	30～40	40～50	50～60	60～70
名称	单位	代号	数量					
人工	工时	11010	30.60	56.30	94.60	145.80	241.90	290.40
树苗	株	41007	102.00	102.00	102.00	102.00	102.00	102.00
水	m^3	43013	2.00	2.00	4.00	6.00	8.00	9.00
其他材料费	%	11997	0.50	0.50	0.50	0.50	0.50	0.50

工作内容:挖坑、栽种(扶正、回土、提苗、捣实、筑水围)、浇水、覆土保墒、整形、清理。

单位:100 株

定额编号			D070007	D070008	D070009	D070010	D070011	D070012
项目			裸根					
			裸根直径/cm					
			≤4.0	4.0～6.0	6.0～8.0	8.0～10	10～12	12～14
名称	单位	代号	数量					
人工	工时	11010	12.00	25.80	45.70	81.20	121.30	172.20
树苗	株	41007	102.00	102.00	102.00	102.00	102.00	102.00
水	m^3	43013	3.20	5.00	6.80	8.70	10.50	12.30
其他材料费	%	11997	0.50	0.50	0.50	0.50	0.50	0.50

7-2 栽种灌木

工作内容:挖坑、栽种(扶正、回土、提苗、捣实、筑水围)、浇水、覆土保墒、整形、清理。

单位:100株

定额编号			D070013	D070014	D070015	D070016	D070017
项目			带土球				
			土球直径/cm				
			≤20	20~30	30~40	40~50	50~60
名称	单位	代号	数量				
人工	工时	11010	27.30	52.90	82.20	126.70	197.80
树苗	株	41007	102.00	102.00	102.00	102.00	102.00
水	m^3	43013	2.00	2.00	4.00	6.00	8.00
其他材料费	%	11997	0.50	0.50	0.50	0.50	0.50

工作内容:挖坑、栽种(扶正、回土、提苗、捣实、筑水围)、浇水、覆土保墒、整形、清理。

单位:100株

定额编号			D070018	D070019	D070020	D070021
项目			裸根			
			冠丛高/cm			
			≤100	100~150	150~200	200~250
名称	单位	代号	数量			
人工	工时	11010	8.00	12.80	16.00	19.20
树苗	株	41007	102.00	102.00	102.00	102.00
水	m^3	43013	3.00	3.50	4.00	4.50
其他材料费	%	11997	0.40	0.40	0.40	0.40

7-3 直播种草

工作内容:种子处理、人工开沟、播草籽、镇压。

单位:1.0 hm²

定额编号			D070022	D070023	D070024	D070025
项目			条播			
			行距/cm			
			15	20	25	30
名称	单位	代号	数量			
人工	工时	11010	217.80	175.90	148.80	132.00
种子	kg	41009	80.00	70.00	60.00	50.00
其他材料费	%	11997	2.50	2.50	2.50	2.50

工作内容:种子处理、人工开沟、播草籽、镇压。

单位:1.0 hm²

定额编号			D070026	D070027	D070028	D070029
项目			穴播			
			行距/cm			
			15	20	25	30
名称	单位	代号	数量			
人工	工时	11010	376.10	235.40	172.60	137.10
种子	kg	41009	80.00	70.00	60.00	50.00
其他材料费用	%	11997	2.50	2.50	2.50	2.50

工作内容:种子处理,人工撒播草籽,不覆土或用耙、耱、石磙子等方法覆土。

单位:1.0 hm^2

定额编号			D070030	D070031
项目			撒播	
			不覆土	覆土
名称	单位	代号	数量	
人工	工时	11010	16.90	68.90
种子	kg	41009	80.00	80.00
其他材料费	%	11997	2.00	2.00

7-4 喷播植草

工作内容:坡面整理、种子处理、壤土配制、喷播(液压喷播或客土喷播)、无纺布覆盖及固定、浇水。

适用范围:液压喷播、客土喷播植草。

单位:100 m^2

定额编号			D070032	D070033	D070034	D070035
项目			液压喷播	客土喷播		
				直喷		
			厚度/cm			
			2.0~3.0	6.0	8.0	10
名称	单位	代号	数量			
人工	工时	11010	122.40	139.30	186.50	233.50
无纺布 12 g/m^2	m^2	21015	105.00	105.00	105.00	105.00
壤土	m^3	41005	12.00	24.00	32.00	40.00
种子	kg	41009	55.00	65.00	65.00	65.00
其他材料费	%	11997	20.00	20.00	20.00	20.00
载重汽车 载重量 5.0 t	台时	03004	4.00	6.00	8.00	10.00
液压喷播机 型号 HYP-100	台时	09257	4.00	—	—	—
客土喷播机 型号 KT72-8000	台时	09259	1.00	6.00	8.00	10.00

工作内容：坡面整理、种子处理、壤土配制、挂网（铁丝网或三维网）、客土喷播、无纺布覆盖及固定、浇水。

适用范围：挂网客土喷播植草 。

单位：100 m^2

定额编号			D070036	D070037	D070038	D070039	D070040	D070041
项目			客土喷播					
			挂铁丝网			挂三维网		
			厚度/cm					
			6.0	8.0	10	6.0	8.0	10
名称	单位	代号	数量					
人工	工时	11010	147.20	194.00	242.00	160.30	205.90	252.80
三维植被网	m^2	41006	—	—	—	105.00	105.00	105.00
无纺布 12 g/m^2	m^2	21015	105.00	105.00	105.00	105.00	105.00	105.00
壤土	m^3	41005	24.00	32.00	40.00	24.00	32.00	40.00
铁丝网	m^2	22067	105.00	105.00	105.00	—	—	—
种子	kg	41009	65.00	65.00	65.00	65.00	65.00	65.00
其他材料费	%	11997	20.00	20.00	20.00	20.00	20.00	20.00
载重汽车 载重量 5.0 t	台时	03004	6.00	8.00	10.00	6.00	8.00	10.00
客土喷播机 型号 KT110－8000	台时	09261	6.00	8.00	10.00	6.00	8.00	10.00
注：挂网锚杆单独按锚杆相关定额计算。								

7－5 草皮铺种

工作内容：翻土整地、清除杂物、搬运草皮、铺草皮、浇水、清理。

单位：100 m^2

定额编号			D070042	D070043
项目			散铺	满铺
名称	单位	代号	数量	
人工	工时	11010	69.90	96.20
草皮	m^2	41001	37.00	110.00
水	m^3	43013	3.00	3.00
其他材料费	%	11997	2.50	2.50

7-6 三维网植草

工作内容：坡面整理、铺三维网及固定、人工播撒种子、无纺布覆盖及固定、浇水。

单位：100 m²

定额编号			D070044
项目			三维网植草
名称	单位	代号	数量
人工	工时	11010	45.20
三维植被网	m²	41006	105.00
无纺布 12 g/m²	m²	21015	105.00
U形钉	kg	39002	11.00
水	m³	43013	3.00
种子	kg	41009	22.00
其他材料费	%	11997	6.00

7-7 绿化成活期养护

工作内容：浇水、松土施肥、杀虫、刷白、修剪等。

单位：表列单位

定额编号			D070045	D070046	D070047	D070048	D070049
项目			乔木			灌木	绿篱、地被
			胸径/cm				
			≤10	10～20	＞20		
			100 株·月				1 000 m²·月
名称	单位	代号	数量				
人工	工时	11010	8.00	16.00	28.10	8.00	40.20
零星材料费	%	11998	24.00	21.00	18.00	24.00	24.00

注：零星材料费含成活期养护期间发生的浇水、松土施肥、喷药除虫等费用。

7-8 苗木运输

工作内容：装车、排放、绑扎固定、运输、卸车、分段堆放。

单位：表列单位

定额编号			D070050	D070051	D070052	D070053	D070054	D070055
项目			乔木、灌木					
			土球直径/cm					
			≤10		10～20		20～30	
			第一个 1.0 km	每增运 1.0 km	第一个 1.0 km	每增运 1.0 km	第一个 1.0 km	每增运 1.0 km
			10 000 株		1 000 株		100 株	
名称	单位	代号	数量					
人工	工时	11010	33.80	—	27.30	—	11.30	—
载重汽车 载重量 6.5 t	台时	03005	41.10	0.32	33.02	0.24	13.14	0.08

注：胸径超过 8.0 cm 的乔木运输，是以保留 1/3～1/2 树冠考虑；截干乔木的运输，按相应子目汽车运输台班的 70% 计算。

工作内容：装车、排放、绑扎固定、运输、卸车、分段堆放。

单位：表列单位

定额编号			D070056	D070057	D070058	D070059	D070060	D070061
项目			乔木、灌木					
			土球直径/cm					
			≤40		40～50		50～60	
			第一个 1.0 km	每增运 1.0 km	第一个 1.0 km	每增运 1.0 km	第一个 1.0 km	每增运 1.0 km
			100 株					
名称	单位	代号	数量					
人工	工时	11010	21.70	—	43.30	—	65.30	—
载重汽车 载重量 6.5 t	台时	03005	13.33	0.24	13.52	0.40	13.74	0.64

注：胸径超过 8.0 cm 的乔木运输，是以保留 1/3～1/2 树冠考虑；截干乔木的运输，按相应子目汽车运输台班的 70% 计算。

工作内容:装车、排放、绑扎固定、运输、卸车、分段堆放。

单位:表列单位

定额编号			D070062	D070063	D070064	D070065	D070066	D070067
项目			乔木、灌木					
			土球直径/cm					
			≤70 以内		70～80		80～90	
			第一个 1.0 km	每增运 1.0 km	第一个 1.0 km	每增运 1.0 km	第一个 1.0 km	每增运 1.0 km
			100 株					
名称	单位	代号	数量					
人工	工时	11010	21.60	—	26.50	—	30.40	—
载重汽车 载重量 6.5 t	台时	03005	14.20	1.05	17.25	1.45	20.45	2.16
汽车起重机 起重量 5.0 t	台时	04085	17.41	—	20.89	—	24.42	—

注:胸径超过 8.0 cm 的乔木运输,是以保留 1/3～1/2 树冠考虑;截干乔木的运输,按相应子目汽车运输台班的 70% 计算。

工作内容:装车、排放、绑扎固定、运输、卸车、分段堆放。

单位:表列单位

定额编号			D070068	D070069	D070070	D070071	D070072	D070073
项目			乔木、灌木					
			土球直径/cm					
			≤100		100～110		110～120	
			1.0 km	增运 1.0 km	第一个 1.0 km	每增运 1.0 km	第一个 1.0 km	每增运 1.0 km
			100 株					
名称	单位	代号	数量					
人工	工时	11010	34.50	—	39.20	—	43.20	—
载重汽车 载重量 6.5 t	台时	03005	23.91	3.06	27.61	4.10	31.39	5.20
汽车起重机 起重量 5.0 t	台时	04085	27.88	—	31.16	—	34.89	—

注:胸径超过 8.0 cm 的乔木运输,是以保留 1/3～1/2 树冠考虑;截干乔木的运输,按相应子目汽车运输台班的 70% 计算。

工作内容：装车、排放、绑扎固定、运输、卸车、分段堆放。

单位：表列单位

定额编号			D070074	D070075	D070076	D070077	D070078	D070079
项目			裸根乔木					
			胸径/cm					
			3.0～5.0		5.0～7.0		7.0～10	
			第一个1.0 km	每增运1.0 km	第一个1.0 km	每增运1.0 km	第一个1.0 km	每增运1.0 km
			1 000 株					
名称	单位	代号	数量					
人工	工时	11010	8.80	—	36.30	—	108.80	—
载重汽车 载重量 6.5 t	台时	03005	11.02	0.08	44.12	0.40	131.11	0.64

注：胸径超过 8.0 cm 的乔木运输，是以保留 1/3～1/2 树冠考虑；截干乔木的运输，按相应子目汽车运输台班的 70% 计算。

工作内容：装车、排放、绑扎固定、运输、卸车、分段堆放。

单位：表列单位

定额编号			D070080	D070081	D070082	D070083	D070084	D070085
项目			裸根灌木				草皮(毛毡式)	
			株高/cm					
			≤80		80～150			
			第一个1.0 km	每增运1.0 km	第一个1.0 km	每增运1.0 km	第一个1.0 km	每增运1.0 km
			10 000 株		1 000 株		1 000 m^2	
名称	单位	代号	数量					
人工	工时	11010	43.30	—	8.00	—	12.00	—
载重汽车 载重量 6.5 t	台时	03005	52.68	0.48	10.26	0.08	14.57	0.08

注：胸径超过 8.0 cm 的乔木运输，是以保留 1/3～1/2 树冠考虑；截干乔木的运输，按相应子目汽车运输台班的 70% 计算。

7-9 整理绿化用地

工作内容：挖、填厚（深）小于等于 300 mm 土方，找平、找坡、耙细、清除石子等杂物，刨出地面排水沟。

单位：10 m^3

定额编号			D070086
名称	单位	代号	数量
人工	工时	11010	3.80
零星材料费	%	11998	16.00

7-10 种植土回填

工作内容：种植土松填、平整。

单位：100 m^3

定额编号			D070087
名称	单位	代号	数量
人工	工时	11010	158.80
土料	m^3	23030	103.00
零星材料费	%	11998	5.00

注 1：本定额中的土料指种植土。

注 2：如现场有种植土，则土料消耗为 0。

注 3：本定额只包含场内运输，如在场外运进则按照第一章土方工程中相关内容计算运输费用。

8 其他工程

说 明

一、本章定额包括主被动防护网、泄水管、塑料薄膜铺设、复合柔毡附上土工膜铺设、土工布铺设、天然砂石料开采及加工、人工砂石料开采及加工、石料开采加工、地面贴块料、景观小品、混凝土路面及路沿石、混凝土植树框、嵌草砖铺装、栏杆(木、混凝土、石、钢材)制作和安装(可简称制安)等共20节。

二、塑料薄膜、复合柔毡、土工膜、土工布铺设4节定额,仅指这些防渗(反滤)材料本身的铺设,不包括其上面的保护(覆盖)层和下面的垫层砌筑。其定额单位100 m^2 是指设计有效防渗面积。

三、本章定额计量单位,除注明者外,开采章节一般为成品方(堆方、码方)。

四、本章定额砂石料规格及标准说明如下。

砂石料:指砂砾料、砂、砾石、碎石、骨料等的统称。

砂砾料:指未经加工的天然砂卵石料。

骨料:指经过加工分级后可用于混凝土制备的砂、砾石和碎石的统称。

砂:指粒径小于等于5.0 mm的骨料。

砾石:指砂砾料经加工分级后粒径大于5.0 mm的卵石。

碎石:指经破碎、加工分级后粒径大于5.0 mm的骨料。

碎石原料:指经破碎、加工的岩石开采料。

块石:指长、宽各为厚度的2.0倍~3.0倍,厚度大于20 cm的石块。

片石:指长、宽各为厚度的3.0倍以上,厚度大于15cm的石块。

毛条石:指一般长度大于60 cm的长条形四棱方正的石料。

料石:指毛条石经过修边打荒加工,外露面方正,各相邻面正交,表面凹凸不超过10 mm的石料。

五、根据施工组织设计,如只需对某一级骨料进行二次筛洗,则可按其数量所占比例计算该工序加工费用。

六、砂石料单价计算如下。

根据施工组织设计确定的砂石备料方案和工艺流程,按本章相应定额计算各加工工序单价,然后累计计算成品单价。

骨料成品单价自开采、加工、运输一般计算至搅拌楼前调节仓或与搅拌楼上料胶带输送机相接为止。

砂石料加工过程中如需进行超径砾石破碎或含泥碎石原料预洗,以及骨料需进行二次筛洗时,可按本章有关定额子目计算其费用,摊入骨料成品单价。

料场覆盖层剥离和无效层处理,按一般土石方工程定额计算费用,并按照设计工程量比例摊入骨料成品单价。

七、本章定额已考虑砂石料开采、加工、堆存等损耗因素,使用定额时不得加计。

八、地面铺装、景观小品、栏杆等说明。

(一)地面贴块料包括土基、垫层、地面铺装。

1. 定额中已包括结合层,但不包括垫层,垫层另行计算。园路垫层适用于基础垫层,但人工要乘以系数1.1。

2. 当定额块料面层的规格与设计不同时,可以换算。当砂浆结合层或铺筑用砂数量与设计不同时,可按实际调整。

3. 当砖地面、卵石地面和瓷片地面定额已包括砍砖、筛选、清洗石子、瓷片等的工料时,不另行计算。

4. 满铺卵石拼花地坪,系指在满铺卵石地坪中用卵石拼花。若在满铺卵石地坪中用砖或瓦片时,拼花部分按相应地坪定额计算,定额人工乘以系数1.5。满铺卵石地坪如需分色拼花时,定额人工乘以系数1.2。

5. 本定额用于山丘坡道时,其垫层、路面等项目,分别按相应定额子目的定额人工乘以系数1.4,其他不变。

6. 异形混凝土砌块砖按相应定额计算,定额人工乘以系数1.15。

(二)景观小品包括桌凳椅制安、堆塑小品、雕塑小品、展示小品、灯光照明小品、园林小摆设。

1. 木制飞来椅制安定额包括扶手、靠背及在坐凳平盘上凿卯眼,与柱拉结的铁件安装用工亦包括在定额内。现浇混凝土飞来椅只包括扶手、靠背、平盘,预制靠背条另行计算。水磨石飞来椅凳脚按素面考虑,如要装饰另行计算。

2. 石桌、石凳项目可用人工雕凿,也可用天然石料制成。

3. 塑树皮,塑竹梁、柱,塑竹、塑松皮柱等定额子目,仅考虑面层或表层的装饰和抹灰底层,基层材料均未考虑在内。塑竹梁、柱,塑松皮是按一般造型考虑,若是艺术造型(如树枝、老松皮、寄生等)另行计算。

4. 石镌字种类是指阴文和阴包阳。

5. 展示小品适用于各种指示牌、指路牌、警示牌等。

6. 独立须弥座只适用于高度500 mm以内,若超过500 mm,按其他须弥座定额项目计算。

7. 阴包阳刻字一般用于碑镌字,字体笔画四边阴刻,形成字体笔画凸出的效果。

8. 石浮雕应按表8-1分类。

表8-1 石浮雕分类表

浮雕种类	加工内容
阴线刻	首先磨光磨平石料表面,然后以刻凹线(深度为2.0 mm~3.0 mm)勾画出人物、动植物或山水
平浮雕	首先扁光石料表面,然后凿出堂子(凿深为60 mm以内),凸出欲雕图案。图案凸出的平面应达到"扁光"、堂子达到"钉细麻"
浅浮雕	首先凿出石料初形,凿出堂子(凿深为60 mm~200 mm),凸出欲雕图形,再加工雕饰图形,使其表面有起伏,有立体感。图形表面应达到"二遍剁斧",堂子达到"钉细麻"
高浮雕	首先凿出石料初形,然后凿掉欲雕图形多余部分(凿深在200 mm以上),凸出欲雕图形,再细雕图形,使之有较强的立体感(有时高浮雕的个别部位与堂子之间漏空)。图形表面达到"四遍剁斧",堂子达到"钉细麻"或"扁光"

9. 花架定额中,现场预制混凝土的制作、安装等项目,适用于梁、檩断面积在220 cm^2以内、高度

在 6.0 m 以下的轻型花架。

（三）当嵌草砖漏空部分填土有施肥要求时，应另行计算。

（四）栏杆包括木、混凝土、石、金属栏杆。

1. 金属栏杆加工，以施工现场内加工为准。若发生场外运输费用，另行计算。

2. 当金属栏杆制作用钢方筒时，其定额含量不变，钢方筒与定额中的钢材差价作价差处理。当栏杆使用铸铁花饰、铁尖时，可另行计算。

（五）其他。

1. 本定额的混凝土和砂浆强度等级，与设计要求不同时，允许按附录换算，但定额中各种配合比的材料用量不得调整。

2. 定额中规定的抹灰厚度不得调整。当设计规定的砂浆种类或配合比与定额不同时，可以换算，但定额人工、机械不变。

九、工程量计算规则如下。

1. 柔性主动防护网按设计图图示防护面积计算，其中长度 3.0 m 以内的锚杆、防护网的搭接等已经包含在定额内，如长度超过 3.0 m 锚杆按第六章相关内容计算。

2. 柔性被动防护网按立柱高度乘以长度计算，其中长度 3.0 m 以内的锚杆已经包含在定额内，如长度超过 3.0 m 锚杆按第六章相关内容计算。

3. 塑料薄膜、土工膜、复合柔毡、土工布铺设按设计有效防渗面积计算，不包括其上面的保护（覆盖）层和下面的垫层砌筑。

4. 泄水孔根据不同孔径按设计孔深计算。

5. 有关砂石料开采、加工、运输等除注明外，均按成品方（堆方、码方）计算。

6. 地面贴块料垫层按设计图示体积计算，面层按设计图示面积计算。

7. 木制飞来椅设计图示尺寸按座凳面中心线长度计算。

8. 现浇混凝土飞来椅按图示尺寸以体积计算。

9. 现浇彩色水磨石飞来椅按座凳面中心线长度计算。

10. 塑树皮（竹）梁、柱按设计图示尺寸以梁柱外表面积计算。

11. 塑竹分不同直径，按长度计算。当塑楠竹及金丝竹直径大于 150 mm 时，按展开面积计算，列入塑竹内。塑松皮柱分不同直径，按长度计算。

12. 石浮雕按设计图示尺寸以雕刻部分外接矩形面积计算。

13. 石镌字按设计图示数量以个数计算。

14. 平面招牌按正立面面积计算，复杂形凹凸造型部分不增减。

15. 箱式招牌和竖式标箱按外围体积计算。

16. 钢骨架广告牌按钢骨架的质量计算。

17. 美术字按个数计算。

18. 灯光照明小品按套数计算。

19. 园林小摆设中砖石砌小摆设、须弥座、花架及小品、花坛石一律按体积计算。匾额按设计图示面积计算。池石、盆景山、风景石、土山点石按质量计算。塑树皮垃圾桶按只数计算。

20. 园林混凝土路面按面积计算，路沿石按长度计算。

21. 木栏杆、混凝土栏杆按长度计算。石栏杆按体积计算。金属栏杆按面积计算（不锈钢除外）。

8－1 柔性主动防护网

工作内容:场内运输、铺设、搭接、3.0 m以内锚杆施工等。

适用范围:边坡防护。

单位:100 m^2

定额编号			D080001	D080002	D080003	D080004
项目			网型			
			钢丝绳网	钢丝绳网＋钢丝格栅	钢丝格栅	高强度钢丝格栅
名称	单位	代号	数量			
人工	工时	11010	72.80	72.80	72.80	72.80
柔性主动防护网(钢丝绳网)	m^2	22054	113.82	—	—	—
柔性主动防护网(钢丝绳网＋钢丝格栅)	m^2	22055	—	113.82	—	—
柔性主动防护网(钢丝格栅)	m^2	22053	—	—	113.82	—
柔性主动防护网(高强度钢丝格栅)	m^2	22056	—	—	—	113.82
钢筋	kg	20017	112.20	112.20	112.20	112.20
合金钻头	个	22019	0.79	0.79	0.79	0.79
接缝砂浆 M30	m^3	47009	0.03	0.03	0.03	0.03
其他材料费	%	11997	3.00	3.00	3.00	3.00
风钻 气腿式	台时	01097	3.96	3.96	3.96	3.96
其他机械费	%	11999	7.00	7.00	7.00	7.00

注1:柔性主动防护网主要包括钢绳网、格栅网、纵向支撑绳、横向支撑绳、缝合线等,其规格和型号应根据设计进行选用。

注2:本定额按照3.0 m锚杆拟定,如长度超过3.0 m,应扣除3.0 m长锚杆,并另行列项计算加强锚杆,扣减的锚杆和加强锚杆的计算参考锚固章节。

注3:本定额不包括危石(岩)清理,发生时另行计算。

注4:本定额不包括绿化工程相关内容,发生时另行计算。

8-2 柔性被动防护网

工作内容:测量、定位,场内运输,安装立柱、斜撑及地锚钢筋,侧拉锚绳、减压环、上下支撑绳、钢丝绳网、格栅网等,以及其他附件安装。

单位:100 m^2

定额编号			D080005	D080006	D080007	D080008	D080009
项目			网型为钢丝绳网				
			最大能量吸收能力/kJ				
			250	500	750	1 000	1 500
名称	单位	代号	数量				
人工	工时	11010	180.00	180.00	180.00	180.00	180.00
柔性被动防护网 DO 型 250 kJ	m^2	22043	99.10	—	—	—	—
钢丝格栅网	m^2	22013	108.50	108.50	108.50	108.50	108.50
柔性被动防护网 DO 型 500 kJ	m^2	22044	—	99.10	—	—	—
柔性被动防护网 DO 型 750 kJ	m^2	22045	—	—	99.10	—	—
柔性被动防护网 DO 型 1 000 kJ	m^2	22040	—	—	—	99.10	—
柔性被动防护网 DO 型 1 500 kJ	m^2	22041	—	—	—	—	99.10
钢筋	kg	20017	133.70	133.70	133.70	133.70	133.70
型钢	kg	20037	540.30	540.30	540.30	540.30	540.30
合金钻头	个	22019	0.30	0.30	0.30	0.30	0.30
接缝砂浆 M30	m^3	47009	0.01	0.01	0.01	0.01	0.01
其他材料费	%	11997	15.00	15.00	15.00	15.00	15.00
风钻 气腿式	台时	01097	1.49	1.49	1.49	1.49	1.49
载重汽车 载重量 2.0 t	台时	03001	16.22	16.22	16.22	16.22	16.22
汽车起重机 起重量 5.0 t	台时	04085	1.61	1.61	1.61	1.61	1.61
其他机械费	%	11999	10.00	10.00	10.00	10.00	10.00

注 1:柔性被动防护网包括型钢立柱、锚杆、钢丝绳网、拉锚绳、支撑绳、缝合绳、减压环及相关附件。本定额不包括基础土石方开挖、基础混凝土及其配筋,其计算可参照相关章节定额。

注 2:如设计中没有使用钢丝格栅网,则材料消耗为 0。

工作内容：测量、定位，场内运输，安装立柱、斜撑及地锚钢筋，侧拉锚绳、减压环、上下支撑绳、环形网、格栅网等，以及其他附件安装。

单位：100 m²

定额编号			D080010	D080011	D080012	D080013	D080014	D080015
项目			网型为环形网					
			最大能量吸收能力/kJ					
			250	500	750	1 000	1 500	2 000
名称	单位	代号	数量					
人工	工时	11010	180.00	180.00	180.00	180.00	180.00	180.00
钢丝格栅网	m²	22013	108.50	108.50	108.50	108.50	108.50	108.50
柔性被动防护网 R 型 250 kJ	m²	22049	99.10	—	—	—	—	—
柔性被动防护网 R 型 500 kJ	m²	22051	—	99.10	—	—	—	—
柔性被动防护网 R 型 750 kJ	m²	22052	—	—	99.10	—	—	—
柔性被动防护网 R 型 1 000 kJ	m²	22046	—	—	—	99.10	—	—
柔性被动防护网 R 型 1 500 kJ	m²	22047	—	—	—	—	99.10	—
柔性被动防护网 R 型 2 000 kJ	m²	22048	—	—	—	—	—	99.10
钢筋	kg	20017	133.70	133.70	133.70	133.70	133.70	133.70
型钢	kg	20037	540.30	540.30	540.30	540.30	540.30	540.30
合金钻头	个	22019	0.30	0.30	0.30	0.30	0.30	0.30
接缝砂浆 M30	m³	47009	0.01	0.01	0.01	0.01	0.01	0.01
其他材料费	%	11997	15.00	15.00	15.00	15.00	15.00	15.00
风钻 气腿式	台时	01097	1.49	1.49	1.49	1.49	1.49	1.49
载重汽车 载重量 2.0 t	台时	03001	16.22	16.22	16.22	16.22	16.22	16.22
汽车起重机 起重量 5.0 t	台时	04085	1.61	1.61	1.61	1.61	1.61	1.61
其他机械费	%	11999	10.00	10.00	10.00	10.00	10.00	10.00

注 1：柔性被动防护网包括型钢立柱、锚杆、钢丝绳网、拉锚绳、支撑绳、缝合绳、减压环及相关附件。本定额不包括基础土石方开挖、基础混凝土及其配筋，其计算可参照相关章节定额。

注 2：如设计中没有使用钢丝格栅网，则材料消耗为 0。

工作内容:场内运输、铺设、搭接。

单位:100 m^2

定额编号			D080016
项目			网型为环形网
			最大能量吸收能力/kJ
			3 000
名称	单位	代号	数量
人工	工时	11010	180.00
钢丝格栅网	m^2	22013	108.50
钢筋	kg	20017	133.70
柔性被动防护网 R 型 3 000 kJ	m^2	22050	99.10
型钢	kg	20037	540.30
合金钻头	个	22019	0.30
接缝砂浆 M30	m^3	47009	0.01
其他材料费	%	11997	15.00
风钻 气腿式	台时	01097	1.49
载重汽车 载重量 2.0 t	台时	03001	16.22
汽车起重机 起重量 5.0 t	台时	04085	1.61
其他机械费	%	11999	10.00

8-3 泄水管

工作内容:PVC 管钻孔、无纺布包装、安装。

适用范围:PVC 管做的滤水管。

单位:100 m

定额编号			D080017	D080018	D080019	D080020	D080021
项目			PVC 管钻孔、无纺布包装、安装				
			管外径/cm				
			≤50	50～75	75～100	100～125	125～160
名称	单位	代号	数量				
人工	工时	11010	67.50	73.80	80.80	87.50	94.00
土工布	m^2	21013	34.67	52.10	69.26	86.70	110.55
PVC 管	m	32001	102.00	102.00	102.00	102.00	102.00
其他材料费	%	11997	1.00	1.00	1.00	1.00	1.00
电钻 功率 1.5 kW	台时	01110	3.52	5.26	7.05	8.81	11.26
其他机械费	%	11999	1.00	1.00	1.00	1.00	1.00

注 1:本定额主要指 100 cm 以内的浅孔,如超过此深度,则电钻 1.5 kW 消耗量为 0,并参考第四章选用钻孔定额。

注 2:如不需要钻孔,则电钻 1.5 kW 消耗量为 0。

工作内容:PVC 管切断、安装。
适用范围:PVC 管做的排水管。

单位:100 m

定额编号			D080022	D080023	D080024
项目			PVC 管切断、安装		
			管外径/cm		
			≤75	75～100	100～125
名称	单位	代号	数量		
人工	工时	11010	29.60	32.10	35.10
PVC 管	m	32001	102.00	102.00	102.00
其他材料费	%	11997	1.00	1.00	1.00

8-4 塑料薄膜铺设

工作内容:场内运输、铺设、搭接。
适用范围:渠道、围堰防渗。

单位:100 m^2

定额编号			D080025	D080026	D080027	D080028
项目			平铺	斜铺 边坡		
				1.0∶2.5	1.0∶2.0	1.0∶1.5
名称	单位	代号	数量			
人工	工时	11010	8.00	9.00	10.00	12.10
塑料薄膜	m^2	21012	113.00	113.00	113.00	113.00
其他材料费	%	11997	1.00	1.00	1.00	1.00

8-5 复合柔毡铺设

工作内容:场内运输、铺设、粘接。

适用范围:渠道、土石坝、围堰防渗。

单位:100 m²

定额编号			D080029	D080030	D080031	D080032	D080033
项目			平铺	斜铺 边坡			
				1.0∶2.5	1.0∶2.0	1.0∶1.5	1.0∶1.0
名称	单位	代号	数量				
人工	工时	11010	24.10	28.20	30.10	34.10	42.10
复合柔毡	m^2	29004	105.00	115.00	120.00	125.00	130.00
粘胶剂 XD-103	kg	30040	5.00	5.50	6.00	6.30	6.50
其他材料费	%	11997	4.00	4.00	4.00	4.00	4.00

8-6 土工膜铺设

工作内容:场内运输、铺设、粘接、岸边及底部连接。

适用范围:土石堰体防渗。

单位:100 m²

定额编号			D080034	D080035	D080036	D080037
项目			平铺	斜铺 边坡		
				1.0∶2.5	1.0∶2.0	1.0∶1.5
名称	单位	代号	数量			
人工	工时	11010	29.00	34.10	36.00	41.00
复合土工膜	m^2	21004	106.00	106.00	106.00	106.00
工程胶	kg	30007	2.00	2.00	2.00	2.00
其他材料费	%	11997	4.00	4.00	4.00	4.00

8-7 土工布铺设

工作内容：场内运输、铺设、接缝（针缝）。

适用范围：土石坝、围堰的反滤层。

单位：100 m²

定额编号			D080038	D080039	D080040	D080041
项目			平铺	斜铺 边坡		
				1.0∶2.5	1.0∶2.0	1.0∶1.5
名称	单位	代号	数量			
人工	工时	11010	13.00	15.10	16.00	18.10
土工布	m²	21013	107.00	107.00	107.00	107.00
其他材料费	%	11997	2.00	2.00	2.00	2.00

8-8 块片石开采条、料石

工作内容：钻孔、爆破、撬移、解小、捡集、码方、清面。

单位：100 m³

定额编号			D080042	D080043	D080044	D080045	D080046	D080047
项目			机械开采、人工清渣			机械开采、机械清渣		
			岩石级别					
			Ⅷ～Ⅹ	Ⅺ～Ⅻ	XIII～XIV	Ⅷ～Ⅹ	Ⅺ～Ⅻ	XIII～XIV
名称	单位	代号	数量					
人工	工时	11010	437.70	467.50	503.70	292.90	322.20	358.90
炸药	kg	43015	32.91	41.24	47.76	33.08	41.35	47.85
导电线	m	38001	148.00	185.22	214.01	147.27	185.40	215.39
导火线	m	43003	80.98	100.58	117.50	80.71	100.92	117.11
火雷管	个	43007	28.13	35.40	40.84	28.27	35.49	41.08
合金钻头	个	22019	1.60	2.58	3.69	1.60	2.59	3.70
其他材料费	%	11997	15.00	15.00	15.00	15.00	15.00	15.00
推土机 功率 88 kW	台时	01044	—	—	—	3.02	3.01	3.03
风钻 手持式	台时	01096	7.23	13.21	22.28	7.23	13.21	22.28
其他机械费	%	11999	10.00	10.00	10.00	10.00	10.00	10.00

8-9 人工开采条、料石

工作内容：开采、清凿、堆存、清渣。

单位：100 m³ 清料方

定额编号			D080048	D080049	D080050	D080051	D080052	D080053
项目			开采毛条石			开采料石		
			岩石级别					
			Ⅷ～Ⅹ	Ⅺ～Ⅻ	ⅩⅢ～ⅩⅣ	Ⅷ～Ⅹ	Ⅺ～Ⅻ	ⅩⅢ～ⅩⅣ
名称	单位	代号	数量					
人工	工时	11010	1 914.20	2 379.20	2 961.70	3 872.50	4 857.80	6 219.20
炸药	kg	43015	3.32	5.51	9.19	3.32	5.54	9.24
导火线	m	43003	21.09	35.43	59.07	20.96	35.52	59.22
火雷管	个	43007	16.53	27.67	45.88	16.54	27.60	46.08
其他材料费	%	11997	25.00	25.00	25.00	25.00	25.00	25.00

8-10 人工捡集块片石

工作内容：撬石、解小、码方。

单位：100 m³

定额编号			D080054
项目			人工捡集块片石
名称	单位	代号	数量
人工	工时	11010	307.20
零星材料费	%	11998	1.00

8－11 人工筛分砂料石

工作内容:上料、过筛、堆存。
适用范围:经筛分后的堆存料。

单位:100 m^3

定额编号			D080055	D080056
项目			人工筛分砂石料	
			三层筛	四层筛
名称	单位	代号	数量	
人工	工时	11010	162.40	185.70
零星材料费	%	11998	3.00	3.00

8－12 人工溜洗骨料

工作内容:上料、翻洗、堆存。
适用范围:经筛分后的骨料。

单位:100 m^3 成品堆方

定额编号			D080057	D080058	D080059	D080060	D080061	D080062	D080063
项目			洗砂砾石				洗砾石		洗碎石
			砂	砂石粒径/mm			碎石粒径/mm		
				5.0～20	20～40	40～80	5.0～20	20～40	40～80
名称	单位	代号	数量						
人工	工时	11010	288.00	140.80	171.30	212.30	168.10	205.20	256.90
水	m^3	43013	150.00	100.00	100.00	100.00	100.00	100.00	100.00
其他材料费	%	11997	20.00	20.00	20.00	20.00	20.00	20.00	20.00

8－13 机械轧碎石

工作内容：取运片石，机械轧、筛分碎石，接运碎石，成品堆方。

单位：100 m^3 堆方

定额编号			D080064	D080065	D080066	D080067	D080068	D080069
项目			未筛分					
			碎石机装料口 250 mm×150 mm			碎石机装料 400 mm×250 mm		
			碎石最大规格(最大粒径 cm)			碎石规格(最大粒径 cm)		
			1.0	1.5	2.0	2.5	4.0	5.0
名称	单位	代号	数量					
人工	工时	11010	420.30	398.50	389.00	367.40	361.30	341.90
片石	m^3	23019	119.34	118.44	116.98	115.42	115.37	113.28
鄂式破碎机进料口(长度×宽度) 250 mm×150 mm	台时	05002	63.61	56.46	52.18	38.54	—	—
鄂式破碎机进料口(长度×宽度) 400 mm×250 mm	台时	05004	—	—	—	—	27.52	23.19

工作内容：上料、翻洗、堆存。

单位：100 m^3 堆方

定额编号			D080070	D080071	D080072
项目			未筛分		
			碎石机装料口 400 mm×250 mm		
			碎石最大规格(最大粒径 cm)		
			6.0	7.0	8.0
名称	单位	代号	数量		
人工	工时	11010	335.40	332.20	327.70
片石	m^3	23019	111.60	111.20	110.63
鄂式破碎机进料口(长度×宽度) 400 mm×250 mm	台时	05004	21.89	20.78	19.76

工作内容：机械轧、筛分碎石，接运碎石，成品堆方。

单位：100 m^3 堆方

定额编号			D080073	D080074	D080075	D080076	D080077	D080078
项目			筛分					
			碎石机装料口 250 mm×150 mm			碎石机装料口 400 mm×250 mm		
			碎石最大规格（最大粒径 cm）			碎石规格（最大粒径 cm）		
			1.0	1.5	2.0	2.5	4.0	5.0
名称	单位	代号	数量					
人工	工时	11010	420.30	398.50	389.00	367.40	361.30	341.90
片石	m^3	23019	119.34	118.44	116.98	115.42	115.37	113.28
鄂式破碎机进料口（长度×宽度）250 mm×150 mm	台时	05002	63.61	56.46	52.18	38.54	—	—
鄂式破碎机进料口（长度×宽度）400 mm×250 mm	台时	05004	—	—	—	—	27.52	23.19
滚筒式筛分机生产率 8.0 m^3/h～20 m^3/h	台时	05101	64.88	57.58	52.91	39.06	27.98	23.74

工作内容：上料、翻洗、堆存。

单位：100 m^3 堆方

定额编号			D080079	D080080	D080081
项目			筛分		
			碎石机装料口 400 mm×250 mm		
			碎石最大规格（最大粒径 cm）		
			6.0	7.0	8.0
名称	单位	代号	数量		
人工	工时	11010	335.40	332.20	327.70
片石	m^3	23019	111.60	111.20	110.63
鄂式破碎机进料口（长度×宽度）400 mm×250 mm	台时	05004	21.89	20.78	19.76
滚筒式筛分机生产率 8.0 m^3/h～20 m^3/h	台时	05101	22.14	21.17	20.06

8-14 地面贴块料

8-14-1 垫 层

工作内容:筛土地、拌和、铺设、找平、灌水、夯实。

单位:1.0 m³

定额编号			D080082	D080083	D080084	D080085	D080086
项目			砂垫层	灰土垫层	砾石垫层	混凝土垫层	水泥石屑浆垫层
名称	单位	代号	数量				
人工	工时	11010	3.20	6.40	4.60	8.30	3.10
砂	m³	23020	1.18	—	—	—	—
砾石	m³	23014	—	—	1.11	—	—
水泥砂浆	m³	47020	1.00	1.01	—	—	1.01
混凝土	m³	47006	—	—	—	1.01	—
水	m³	43013	—	—	—	0.50	—
零星材料费	%	11998	1.00	1.00	1.00	1.00	1.00
蛙式夯实机 功率 2.8 kW	台时	01095	1.01	—	—	—	—
混凝土搅拌机 出料 0.25 m³	台时	02001	0.08	0.22	0.13	0.10	—
灰浆搅拌机	台时	06021	—	—	—	—	0.86

8-14-2 面 层

工作内容:放线、清理基层、修整垫层、调浆、铺面层、嵌缝、清理。

单位:1.0 m²

定额编号			D080087	D080088	D080089	D080090	D080091	D080092
项目			满铺卵石面拼花路面	弹石片路面	小方碎石路面	方整石板面层路面	六角板路面	花岗岩板路面
名称	单位	代号	数量					
人工	工时	11010	13.20	1.40	1.60	2.30	1.30	1.60
砂	m³	23020	—	0.14	0.14	0.08	0.05	—
碎石	m³	23028	—	—	0.11	—	—	—
片石	m³	23019	—	0.13	—	—	—	—
水泥砂浆	m³	47020	0.04	—	—	—	—	0.03
六角板	m²	45005	—	—	—	—	1.03	—
方石板	m³	25001	—	—	—	0.12	—	—
花岗岩板	m²	25002	—	—	—	—	—	1.02

续表

单位:1.0 m²

定额编号			D080087	D080088	D080089	D080090	D080091	D080092
项目			满铺卵石面拼花路面	弹石片路面	小方碎石路面	方整石板面层路面	六角板路面	花岗岩板路面
名称	单位	代号	数量					
卵石 20 mm	m³	23016	0.02	—	—	—	—	—
水	m³	43013	0.05	0.01	0.06	0.01	0.01	—
零星材料费	%	11998	1.00	1.00	1.00	1.00	1.00	1.00
灰浆搅拌机	台时	06021	0.03	—	—	—	—	0.03

工作内容:放线、清理基层、修整垫层、调浆、铺面层、嵌缝、清理。

单位:1.0 m²

定额编号			D080093
项目			青石板路面
名称	单位	代号	数量
人工	工时	11010	1.60
砂	m³	23020	0.07
青石板	m²	25004	1.02
水	m³	43013	0.02
砌筑砂浆 M5	m³	47011	0.04
零星材料费	%	11998	1.00
灰浆搅拌机	台时	06021	0.04

工作内容:清理基层、铺砌、填缝、扫缝、清理。

单位:1.0 m²

定额编号			D080094	D080095	D080096	D080097
项目			彩色砖铺设	铺设荷兰砖	铺设舒布洛克砖	铺设透水砖
名称	单位	代号	数量			
人工	工时	11010	1.70	1.30	1.40	1.40
砂	m³	23020	0.01	—	—	0.05
荷兰砖	m²	45004	—	1.03	—	—
舒布洛克砖	m²	45009	—	—	1.02	—
透水砖	m²	45010	—	—	—	1.03
彩色砖	m²	45003	1.02	—	—	—
砌筑砂浆 M7.5	m³	47012	—	0.04	0.04	—
零星材料费	%	11998	1.00	1.00	1.00	1.00
灰浆搅拌机	台时	06021	—	0.03	0.03	0.03

8－15 景观小品

8－15－1 桌凳椅制安、木制飞来椅

工作内容：选料、配料、截料、刨光、制样板、画线、雕塑成型、试装等全部操作过程。

单位：100 m

定额编号			D080098	D080099
项目			飞来椅(包括扶手)	
			鹅颈靠背	花靠背
名称	单位	代号	数量	
人工	工时	11010	2 137.80	5 349.60
锯材	m^3	24003	3.20	3.38
乳胶	kg	30021	5.00	5.00
木螺钉	个	22030	400.00	400.00
铁钉	kg	22061	4.00	4.00
铁件及预埋铁件	kg	22063	34.00	34.00
其他材料费	%	11997	0.50	0.50

工作内容：选料、配料、截料、刨光、制样板、画线、雕塑成型、试装等全部操作过程。

单位：10 m^2

定额编号			D080100	D080101
项目			坐凳平盘(厚度 50 mm)	坐凳平盘(厚度每增减 10 mm)
名称	单位	代号	数量	
人工	工时	11010	687.80	6.00
锯材	m^3	24003	0.64	0.13
乳胶	kg	30021	7.20	—
铁钉	kg	22061	1.20	4.00
其他材料费	%	11997	0.50	0.50

8－15－2 钢筋混凝土飞来椅

工作内容：凝土制作、运输、浇灌、振捣、养护，预制构件、运输、安装，砂浆制作、运输，抹面，养护。

单位：10 m^3

定额编号			D080102	D080103	D080104
项目			钢筋混凝土飞来椅（扶手、靠背、座盘）中砂 C20	钢筋混凝土飞来椅（扶手、靠背、座盘）中砂 C25	钢筋混凝土飞来椅（扶手、靠背、座盘）中砂 C30
名称	单位	代号	数量		
人工	工时	11010	287.30	287.30	287.30
水	m^3	43013	22.50	22.30	22.14
纯混凝土 C20 二级配 水泥 32.5	m^3	47002	10.20	—	—
纯混凝土 C25 二级配 水泥 42.5	m^3	47003	—	10.20	—
纯混凝土 C30 二级配 水泥 32.5	m^3	47004	—	—	10.20
其他材料费	%	11997	1.50	1.50	1.50
混凝土搅拌机 出料 0.4 m^3	台时	02002	2.25	2.25	2.25

8－15－3 彩色水磨石飞来椅

工作内容：凝土制作、运输、浇灌、振捣、养护，预制构件、运输、安装，砂浆制作、运输，抹面，养护。

单位：10 m

定额编号			D080105
名称	单位	代号	数量
人工	工时	11010	554.40
锯材	m^3	24003	0.23
白水泥	kg	23002	22.07
松节油	kg	30024	3.33
草酸	kg	30002	3.72
硬白蜡	kg	30037	1.20
白水泥彩色石子浆 1.0∶2.5	m^3	47001	0.46
钢筋	kg	20017	70.00
金刚石（三角形）	块	22021	1.42
彩色石子	kg	23004	244.36
颜料	kg	30032	3.83
水	m^3	43013	0.13
水泥 32.5	kg	47016	306.60
其他材料费	%	11997	1.50
灰浆搅拌机	台时	06021	0.27

8-15-4 其他桌凳椅

工作内容：凝土制作、运输、浇灌、振捣、养护，预制构件、运输、安装，砂浆制作、运输，抹面，养护。

单位：10 m^3

定额编号			D080106
项目			预制吴王靠背条制作、安装
名称	单位	代号	数量
人工	工时	11010	529.50
垫铁	kg	22010	26.54
水泥砂浆	m^3	47020	10.51
混凝土	m^3	47006	0.10
电焊条	kg	22009	15.40
水	m^3	43013	20.12
其他材料费	%	11997	0.60
混凝土搅拌机 出料 0.4 m^3	台时	02002	0.02
灰浆搅拌机	台时	06021	8.75

工作内容：制作及绑扎钢筋，制作及浇捣混凝土，砂浆抹平，构件养护，面层磨光，打蜡擦光，现场安装及灌浆填缝，模板制作、安装、拆除。

单位：1.0 m^3

定额编号			D080107	D080108	D080109	D080110	D080111	D080112
项目			平板桌凳面预制	平板桌凳面安装	水磨木纹桌、凳面板预制	水磨木纹桌、凳面板安装	不水磨原色木纹桌、凳面板预制	不水磨原色木纹桌、凳面板安装
名称	单位	代号	数量					
人工	工时	11010	178.40	35.30	53.00	8.20	16.00	3.70
草袋	个	21003	2.85	0.12	—	—	—	—
镀锌铁丝 8#～10#	kg	20007	1.00	—	—	—	—	—
钢筋 ϕ8～ϕ12	kg	20019	100.00	—	200.00	—	200.00	—
锯材	m^3	24003	0.03	—	—	—	—	—
水泥砂浆	m^3	47020	2.05	0.02	0.03	0.02	0.03	0.02
清洗油	kg	30020	0.28	—	—	—	—	—
白水泥	kg	23002	—	—	16.10	0.50	—	—
松节油	kg	30024	—	—	0.30	—	—	—

续表

单位:1.0 m³

定额编号			D080107	D080108	D080109	D080110	D080111	D080112
项目			平板桌凳面预制	平板桌凳面安装	水磨木纹桌、凳面板预制	水磨木纹桌、凳面板安装	不水磨原色木纹桌、凳面板预制	不水磨原色木纹桌、凳面板安装
名称	单位	代号	数量					
草酸	kg	30002	0.53	—	0.30	0.05	—	—
硬白蜡	kg	30037	1.14	—	0.10	0.03	—	—
煤油	kg	30017	2.14	—	—	—	—	—
金刚石(三角形)	块	22021	5.41	—	0.13	0.01	—	—
油漆溶剂油	kg	30039	0.32	—	—	—	—	—
白回丝	kg	21001	—	—	0.04	—	—	—
锡纸	kg	20036	—	—	0.01	—	—	—
镀锌铁丝 22#	kg	20008	0.84	—	0.10	—	0.10	—
水	m³	43013	1.28	0.07	—	—	—	—
水泥 32.5	kg	47016	—	—	3.00	—	3.01	0.50
铁钉	kg	22061	0.03	0.01	—	—	—	—
板枋材	m³	24001	0.01	—	—	—	—	—
其他材料费	%	11997	0.10	0.10	0.10	0.10	0.10	0.10
灰浆搅拌机	台时	06021	0.08	0.02	0.02	0.02	0.03	0.02

工作内容:成品椅安装——搬运、安装、找正、找平、固定,清理现场。

单位:组

定额编号			D080113	D080114	D080115
项目			安装塑料椅	安装铁艺椅	安装铸铁椅
名称	单位	代号	数量		
人工	工时	11010	2.70	2.70	3.40
地脚螺栓 M8×100	套	22007	4.00	4.00	4.00
成品椅	组	41002	1.00	1.00	1.00
其他材料费	%	11997	1.00	1.00	1.00

工作内容：石桌、石凳安装——场内运输、调运砂浆、石件校正、安装就位、修整缝口。

单位：个

定额编号			D080116
项目			安装石桌、石凳
名称	单位	代号	数量
人工	工时	11010	36.30
水泥砂浆	m^3	47020	0.04
石凳	个	25005	1.00
石桌	个	25006	1.00
其他材料费	%	11997	1.00
灰浆搅拌机	台时	06021	0.04

8-15-5 堆塑小品(塑树皮)

工作内容：调运砂浆、找平、二底二面、压光塑面层、清理养护；钢筋制作、绑扎、调制砂浆，底面抹灰，现场安装。

单位：10 m^2

定额编号			D080117
项目			塑松(杉)树皮
名称	单位	代号	数量
人工	工时	11010	164.20
水泥砂浆	m^3	47020	0.35
石灰膏	m^3	23023	0.03
颜料	kg	30032	6.00
水	m^3	43013	0.12
其他材料费	%	11997	1.00
灰浆搅拌机	台时	06021	0.21

工作内容：调运砂浆、找平、二底二面、压光塑面层、清理养护；钢筋制作、绑扎、调制砂浆，底面抹灰，现场安装。

单位：10 m

定额编号			D080118	D080119
项目			塑树根直径/mm	塑树根直径/mm
			≤150	≤250
名称	单位	代号	数量	
人工	工时	11010	78.70	95.70
水泥砂浆	m^3	47020	0.17	0.38
钢丝网	m^2	22014	4.99	8.35
墨汁	kg	40001	0.42	0.70
氧化铁	kg	30034	1.82	2.01
钢筋	kg	20017	10.00	30.00
水	m^3	43013	0.10	0.17
其他材料费	%	11997	1.00	1.00
灰浆搅拌机	台时	06021	0.10	0.25

8-15-6 堆塑小品（塑竹梁、柱）

工作内容：调运砂浆、找平、二底二面、压光塑面层、清理养护；钢筋制作、绑扎，调制砂浆，底面抹灰，现场安装。

单位：10 m^2

定额编号			D080120	D080121
项目			中砂	塑竹片竹节
名称	单位	代号	数量	
人工	工时	11010	177.50	129.10
水泥砂浆	m^3	47020	3.31	3.31
石灰膏	m^3	23023	0.03	0.02
氧化铬	kg	30033	5.65	5.64
水	m^3	43013	0.12	0.15
其他材料费	%	11997	1.00	1.00
灰浆搅拌机	台时	06021	0.21	0.91

8－15－7　堆塑小品(塑黄竹、塑楠竹、塑金丝竹)

工作内容：调运砂浆、找平、二底二面、压光塑面层、清理养护；钢筋制作、绑扎，调制砂浆，底面抹灰，现场安装。

单位：10 m

定额编号			D080122	D080123	D080124	D080125	D080126	D080127
项目			塑黄竹 直径/mm	塑黄竹 直径/mm	塑楠竹 直径/mm	塑楠竹 直径/mm	塑金丝竹 直径/mm	塑金丝竹 直径/mm
			≤100	≤150	≤100	≤150	≤100	≤150
名称	单位	代号	数量					
人工	工时	11010	66.00	86.80	94.60	118.60	619.00	759.20
砂	m^3	23020	—	—	0.06	0.11	0.05	0.11
水泥砂浆	m^3	47020	0.08	0.16	0.08	0.16	0.07	0.16
白水泥	kg	23002	—	—	30.52	45.86	30.64	45.54
黄丹粉	kg	30009	0.30	0.45	—	—	0.30	0.45
氧化铬	kg	30033	—	—	0.30	0.45	0.03	0.05
松节油	kg	30024	—	—	—	—	0.94	1.42
草酸	kg	30002	—	—	—	—	0.95	1.41
硬白蜡	kg	30037	—	—	—	—	0.31	0.48
氧化铁	kg	30034	0.06	0.09	0.06	0.09	—	—
白水泥浆	m^3	47036	0.02	0.03	0.02	0.03	0.02	0.03
金刚石(三角形)	块	22021	—	—	—	—	0.40	0.60
镀锌铁丝 22#	kg	20008	0.80	1.01	—	—	—	—
角钢	kg	20030	40.30	80.51	40.23	80.35	40.04	80.16
水	m^3	43013	0.03	0.06	0.04	0.07	0.04	0.07
水泥 32.5	kg	47016	—	—	66.55	133.01	58.30	133.74
其他材料费	%	11997	5.00	5.00	5.00	5.00	5.00	5.00
灰浆搅拌机	台时	06021	0.06	0.15	0.07	0.14	0.06	0.14

8－15－8 堆塑小品(塑松皮柱)

工作内容:钢筋制作、绑扎,调制砂浆,底层抹灰及现场安装。

单位:1.0 m

定额编号			D080128	D080129
项目			直径/cm	直径/cm
			≤20	≤30
名称	单位	代号	数量	
人工	工时	11010	9.50	12.30
水泥砂浆	m^3	47020	0.20	0.30
氧化铁红	kg	30034	0.25	0.38
其他材料费	%	11997	0.50	0.50
灰浆搅拌机	台时	06021	0.01	0.02

8－15－9 雕塑小品(石浮雕)

工作内容:翻样、放样、雕琢、洗练、修补、造型、安装、保护。

单位:1.0 m^2

定额编号			D080130	D080131	D080132	D080133
项目			素平(阴刻线)	减地平板(平浮雕)	压地隐起(浅浮雕)	剔地起突(高浮雕)
名称	单位	代号	数量			
人工	工时	11010	415.20	564.40	694.40	1 715.80
条石	m^3	23029	—	0.22	—	—
粗料石	m^3	23005	0.20	—	0.20	0.72
水泥砂浆	m^3	47020	—	0.05	—	—
焦炭	kg	43008	2.24	3.04	3.76	9.42
钢钎	kg	22012	1.52	2.09	2.60	6.47
砂轮片 ϕ230	片	22059	0.05	0.08	0.09	0.23
乌钢头	kg	20034	0.23	0.31	0.38	0.92
其他材料费	%	11997	10.00	10.00	10.00	10.00
灰浆搅拌机	台时	06021	—	0.05	—	—

8－15－10 雕塑小品(石镌字)

工作内容:放样、开料、刨面、打缝、起线、刻字、安装、保护。

单位:个

定额编号			D080134	D080135	D080136	D080137	D080138
项目			阴文(凹字)≤50 cm×50 cm	阴文(凹字)≤30 cm×30 cm	阴文(凹字)≤15 cm×15 cm	阴文(凹字)≤10 cm×10 cm	阴文(凹字)≤5 cm×5 cm
名称	单位	代号	数量				
人工	工时	11010	75.50	52.40	29.50	19.40	5.80
焦炭	kg	43008	0.34	0.21	0.08	0.03	0.01
钢筋	kg	20017	0.24	0.14	0.05	0.02	0.01
砂轮片 ϕ230	片	22059	0.01	0.01	—	—	—
乌钢头	kg	20034	0.04	0.02	0.01	—	—
零星材料费	%	11998	0.20	0.20	0.20	0.20	0.20

工作内容:放样、开料、刨面、打缝、起线、刻字、安装、保护。

单位:个

定额编号			D080139	D080140	D080141	D080142
项目			阳文(凸字)≤50 cm×50 cm	阳文(凸字)≤30 cm×30 cm	阳文(凸字)≤15 cm×15 cm	阳文(凸字)≤10 cm×10 cm
名称	单位	代号	数量			
人工	工时	11010	101.10	62.20	34.70	15.10
焦炭	kg	43008	0.49	0.28	0.11	0.04
钢筋	kg	20017	0.33	0.20	0.07	0.03
砂轮片 ϕ230	片	22059	0.01	0.01	—	—
乌钢头	kg	20034	0.05	0.03	0.01	—
零星材料费	%	11998	0.20	0.20	0.20	0.20

8-15-11 展示小品(平面、箱式招牌)

工作内容:包括下料、刨光、放样、组装、焊接成品、刷防锈漆、校正、安装成型、清理等全部操作过程。

单位:10 m²

定额编号			D080143	D080144	D080145	D080146
项目			平面招牌 木结构		平面招牌 钢结构	
			一般	复杂	一般	复杂
名称	单位	代号	数量			
人工	工时	11010	30.50	37.80	49.80	54.20
镀锌铁丝	kg	20006	—	—	0.55	0.55
钢板	m²	20010	2.01	1.99	1.98	1.99
锯材	m³	24003	0.29	0.31	0.13	0.18
膨胀螺栓 M6～M8	套	22032	52.90	52.70	32.92	36.03
油漆溶剂油	kg	30039	0.03	0.03	0.06	0.06
型钢	kg	20037	—	—	119.15	131.05
镀锌铁丝 22#	kg	20008	—	—	0.55	0.55
防锈漆	kg	29003	0.03	0.03	0.55	0.62
玻璃钢瓦	m²	23039	—	4.96	—	4.94
瓦棱勾钉(带垫)	个	22069	—	1.15	—	1.15
木螺钉	个	22030	—	—	236.00	258.00
电焊条	kg	22009	—	—	3.01	3.30
角钢	kg	20030	—	—	108.69	118.58
铁钉	kg	22061	3.78	4.09	—	—
铁件	kg	22062	—	—	5.26	5.82
其他材料费	%	11997	0.28	0.30	0.30	0.27
木工加工机械 圆盘锯	台时	09208	0.18	0.20	0.10	0.20
木工加工机械 双面刨床	台时	09210	0.84	0.95	0.55	—
氩弧焊机 电流 500 A	台时	09221	—	—	0.80	3.14

工作内容：包括下料、刨光、放样、组装、焊接成品、刷防锈漆、校正、安装成型、清理等全部操作过程。

单位：10 m^3

定额编号			D080147	D080148	D080149	D080150
项目			箱式招牌 钢结构厚度≤500 mm		箱式招牌 钢结构厚度>500 mm	
			矩形	异形	矩形	异形
名称	单位	代号	数量			
人工	工时	11010	226.00	247.10	169.10	184.30
镀锌铁丝	kg	20006	0.87	0.88	0.61	0.66
钢板	m^2	20010	18.08	19.83	15.00	16.49
锯材	m^3	24003	0.63	0.66	0.33	0.36
膨胀螺栓 M6～M8	套	22032	105.53	105.96	84.21	84.36
钢筋	kg	20017	93.82	103.26	68.96	75.84
油漆溶剂油	kg	30039	0.29	0.31	0.21	0.23
防锈漆	kg	29003	2.76	3.16	2.01	2.29
木螺钉	个	22030	358.00	395.00	356.00	392.00
电焊条	kg	22009	14.57	15.99	10.33	11.32
角钢	kg	20030	447.57	491.04	313.94	326.85
铁钉	kg	22061	0.55	0.61	0.40	0.43
铁件	kg	22062	15.44	15.47	13.92	13.99
其他材料费	%	11997	0.16	0.18	0.19	0.19
木工加工机械 圆盘锯	台时	09208	0.28	0.28	0.20	0.20
氩弧焊机 电流 500 A	台时	09221	21.73	21.90	14.38	15.71

8－15－12　展示小品(竖式招牌)

工作内容:包括下料、刨光、放样、截料、组装、刷防锈漆、焊接成品、校正、安装成型、清理等全部操作过程。

单位:10 m^3

定额编号			D080151	D080152	D080153	D080154
项目			钢结构厚度 ≤400 mm		钢结构厚度 >400 mm	
			矩形	异形	矩形	异形
名称	单位	代号	数量			
人工	工时	11010	324.00	343.10	233.50	268.40
防锈漆	kg	29003	4.08	4.20	2.67	2.99
膨胀螺栓 M6～M8	套	22032	48.30	51.08	32.05	32.05
铁拉杆	kg	22064	96.00	104.90	63.66	70.29
钢筋	kg	20017	94.27	103.60	62.80	69.09
油漆溶剂油	kg	30039	0.38	0.43	0.27	0.31
电焊条	kg	22009	22.42	25.29	16.08	18.12
角钢	kg	20030	714.42	812.97	517.15	579.37
其他材料	%	11997	0.18	0.18	0.21	0.21
氩弧焊机 电流 500 A	台时	09221	5.38	5.89	3.84	4.23

8－15－13　展示小品(钢骨架广告牌)

工作内容:包括下料、刨光、放样、截料、组装、刷防锈漆、焊接成品、校正、安装成型、清理等全部操作过程。

单位:1.0 t

定额编号			D080155
项目			复杂
名称	单位	代号	数量
人工	工时	11010	155.80
防锈漆	kg	29003	12.21
锯材	m^3	24003	0.27
膨胀螺栓 M6～M8	套	22032	112.50
油漆溶剂油	kg	30039	1.89
钢骨架	kg	42002	1 067.00
电焊条	kg	22009	47.49
氧气	m^3	30035	6.53

续表

单位:1.0 t

定额编号			D080155
项目			复杂
名称	单位	代号	数量
乙炔气	m^3	30036	2.86
铁钉	kg	22061	4.57
其他材料费	%	11997	0.27
木工加工机械 双面刨床	台时	09210	0.37
氩弧焊机 电流 500 A	台时	09221	36.22
木工圆盘锯	台时	09249	0.16

8-15-14 展示小品(美术字)

工作内容:包括复纸字、字样排列、凿墙眼、斩木楔、拼装字样、成品校正、安装、清理等全部操作过程。

单位:10 个

定额编号			D080156	D080157	D080158	D080159	D080160	D080161
项目			泡沫塑料字 0.2 m^2 以内 大理石面	泡沫塑料字 0.2 m^2 以内 混凝土墙面	泡沫塑料字 0.2 m^2 以内 砖墙面	泡沫塑料字 0.2 m^2 以内 其他面	泡沫塑料字 0.5 m^2 以内 大理石面	泡沫塑料字 0.5 m^2 以内 混凝土墙面
名称	单位	代号	数量					
人工	工时	11010	29.00	38.00	28.20	26.70	45.50	47.90
粘胶剂 XD-103	kg	30040	0.24	0.24	0.24	0.24	0.72	0.71
膨胀螺栓 M6～M8	套	22032	—	20.39	—	—	—	40.56
美术字 400 mm×400 mm	个	28005	10.10	10.10	10.10	10.10	—	—
泡沫塑料有机玻璃字 600 mm×600 mm	个	28009	—	—	—	—	10.10	10.10
铁钉	kg	22061	0.48	0.24	0.48	0.48	0.73	0.73
其他材料费	%	11997	0.31	0.23	0.31	0.31	0.46	0.25

工作内容：包括复纸字、字样排列、凿墙眼、斩木楔、拼装字样、成品校正、安装、清理等全部操作过程。

单位：10 个

定额编号			D080162	D080163
项目			泡沫塑料字 0.5 m^2 以内砖墙面	泡沫塑料字 0.5 m^2 以内其他面
名称	单位	代号	数量	
人工	工时	11010	37.20	36.30
粘胶剂 XD-103	kg	30040	0.71	0.71
泡沫塑料有机玻璃字 600 mm×600 mm	个	28009	10.10	10.10
铁钉	kg	22061	0.74	0.73
其他材料费	%	11997	0.46	0.46

工作内容：包括复纸字、字样排列、凿墙眼、斩木楔、拼装字样、成品校正、安装、清理等全部操作过程。

单位：10 个

定额编号			D080164	D080165	D080166	D080167
项目			泡沫塑料字 1.0 m^2 以内大理石面	泡沫塑料字 1.0 m^2 以内混凝土墙面	泡沫塑料字 1.0 m^2 以内砖墙面	泡沫塑料字 1.0 m^2 以内其他面
名称	单位	代号	数量			
人工	工时	11010	62.50	67.90	60.40	53.60
粘胶剂 XD-103	kg	30040	1.32	1.33	1.33	1.33
膨胀螺栓 M6～M8	套	22032	60.90	60.90	30.40	30.40
泡沫塑料有机玻璃字 900 mm×1 000 mm	个	28010	10.10	10.10	10.10	10.10
铁钉	kg	22061	0.97	0.97	0.97	0.97
其他材料费	%	11997	0.21	0.18	0.27	0.27

工作内容：包括复纸字、字样排列、凿墙眼、斩木楔、拼装字样、成品校正、安装、清理等全部操作过程。

单位:10 个

定额编号			D080168	D080169	D080170	D080171	D080172	D080173
项目			木质字 0.2 m^2 以内	木质字 0.5 m^2 以内	木质字 1.0 m^2 以内	金属字 0.2 m^2 以内	金属字 0.5 m^2 以内	金属字 1.0 m^2 以内
名称	单位	代号	数量					
人工	工时	11010	30.10	42.50	48.70	30.00	42.80	48.10
膨胀螺栓 M6～M8	套	22032	—	—	40.79	20.36	30.52	121.76
木螺钉	个	22030	205.00	307.00	367.00	133.00	257.00	266.00
木质字 400 mm×400 mm	个	28006	10.10	—	—	—	—	—
木质字 600 mm×800 mm	个	28007	—	10.10	—	—	—	—
木质字 900 mm×1 000 mm	个	28008	—	—	10.10	—	—	—
金属字 400 mm×400 mm	个	28003	—	—	—	10.10	—	—
金属字 600 mm×800 mm	个	28004	—	—	—	—	10.10	—
金属字 1 000×1 250	个	28002	—	—	—	—	—	10.10
铁件	kg	22062	4.06	6.07	7.85	2.67	3.73	8.02
其他材料费	%	11997	0.05	0.08	0.07	0.04	0.06	0.04

8-15-15 灯光照明小品(桥栏杆灯)

工作内容:打眼、埋螺栓、支架安装、灯具组装、配线、接线、焊接包头、校试。

单位:10 套

定额编号			D080174	D080175	D080176	D080177
项目			成套		组装	
			嵌入式	明装式	嵌入式	明装式
名称	单位	代号	数量			
人工	工时	11010	53.90	43.40	64.80	55.80
灯具	套	36002	10.10	10.10	10.10	10.10
绝缘导线	m	38004	50.00	50.00	50.00	50.00
膨胀螺栓 M6～M8	套	22032	41.00	41.00	81.50	81.50
其他材料费	%	11997	0.53	0.53	0.41	0.41
载重汽车 载重量 4.0 t	台时	03003	1.63	1.63	1.63	1.63

8－15－16　灯光照明小品(地道、涵洞灯)

工作内容:打眼、埋螺栓、支架安装、灯具组装、配线、接线、试灯等。

单位:10套

定额编号			D080178	D080179	D080180	D080181
项目			吸顶式		嵌入式	
			敞开型	密封型	敞开型	密封型
名称	单位	代号	数量			
人工	工时	11010	35.40	35.60	33.20	39.20
灯具	套	36002	10.10	10.10	10.10	10.10
绝缘导线	m	38004	20.00	16.00	20.00	16.00
膨胀螺栓 M6～M8	套	22032	41.00	41.00	41.00	41.00
其他材料费	%	11997	0.29	0.28	0.29	0.28
高空作业车液压 YZ12－A	台时	03071	6.12	6.12	6.12	6.12

8－15－17　灯光照明小品(草坪灯)

工作内容:开箱清点、测位划线、打眼埋螺栓、支架制安、灯具拼装固定、挂装饰部件、接焊线包头等。发光棚灯具按设计用量加损耗量计算。

单位:10套

定额编号			D080182	D080183
项目			灯具 立柱式	灯具 墙壁式
名称	单位	代号	数量	
人工	工时	11010	69.80	39.30
塑料绝缘线	m	38005	—	4.10
灯具	套	36002	10.10	10.10
冲击钻头 ϕ6～ϕ8	只	22005	—	0.52
地脚螺栓 M10×M120	套	22006	41.00	20.50
绝缘导线	m	38004	40.86	—
瓷接头(双)	个	39007	10.30	10.30
飞保险(羊角熔断器)5A	个	37002	10.30	—
其他材料费	%	11997	1.17	0.74

8-15-18 灯光照明小品(庭院灯)

工作内容:测位、划线、支架安装、灯具组装、接线。

单位:10套

定额编号			D080184	D080185
项目			庭院路灯 三火以下柱灯	庭院路灯 七火以下柱灯
名称	单位	代号	数量	
人工	工时	11010	96.50	186.10
成套灯具	套	36001	10.10	10.10
瓷接头(双)	个	39007	10.30	10.30
地脚螺栓 M12×M160 以下	套	22008	41.00	41.00
瓷接头 1~3 回路	个	39008	—	10.30
其他材料费	%	11997	0.47	0.46
汽车起重机 起重量 5.0 t	台时	04085	4.08	4.08

8-15-19 灯光照明小品(水下艺术装饰灯具)

工作内容:开箱清点、测位划线、打眼埋螺栓、支架制安、灯具拼装固定、挂装饰部件、接焊线包头等。发光棚灯具按设计用量加损耗量计算。

单位:10套

定额编号			D080186	D080187	D080188	D080189
项目			彩灯(简易形)	彩灯(密封形)	喷水池灯	幻光型灯
名称	单位	代号	数量			
人工	工时	11010	21.00	21.10	23.20	23.50
灯具	套	36002	10.10	10.10	10.10	10.10
冲击钻头 $\phi 6 \sim \phi 8$	只	22005	0.26	0.52	0.79	0.52
膨胀螺栓 M12	套	22033	10.29	20.57	30.85	20.57
防水胶圈	个	29002	15.00	15.00	15.00	15.00
其他材料费	%	11997	1.16	0.79	0.63	0.61

8－15－20 灯光照明小品(点光源艺术装饰灯具)

工作内容:开箱清点、测位划线、打眼埋螺栓、支架制安、灯具拼装固定、挂装饰部件、接焊线包头等。发光栅灯具按设计用量加损耗量计算。

单位:10 套

定额编号			D080190	D080191	D080192	D080193	D080194	D080195	D080196
项目			吸顶式	嵌入式 灯具直径 (150 mm)	嵌入式 灯具直径 (200 mm)	嵌入式 灯具直径 (350 mm)	射灯 吸顶式	射灯 滑轨式	滑轨
名称	单位	代号	数量						
人工	工时	11010	17.20	21.40	23.30	23.80	13.00	11.30	15.10
塑料膨胀管	个	22060	20.45	—	—	—	20.45	—	20.38
接线盒	只	39013	—	10.25	10.25	10.25	—	—	—
灯具	套	36002	10.10	10.10	10.10	10.10	10.10	10.10	—
冲击钻头 $\phi6\sim\phi8$	只	22005	0.51	—	—	—	0.50	—	0.50
绝缘导线	m	38004	3.05	13.30	13.35	13.36	3.07	—	9.19
塑料软管	m	32026	—	10.35	10.35	10.35	—	—	10.39
铜线端子 DT	个	39022	10.17	10.51	10.15	10.17	10.17	—	9.16
管接头(15～20 金属软管用)	个	33002	—	20.65	20.65	20.65	—	—	20.80
滑轨	m	36003	—	—	—	—	—	—	10.16
木螺钉	个	22030	21.00	—	—	—	21.00	—	21.00
其他材料费	%	11997	2.58	3.43	3.43	3.43	2.59	—	0.41

8－15－21 园林小摆设(砖石砌小摆设)

工作内容:放样、挖、做基础,调运砂浆,砌筑,抹灰,成品安装,清理现场。

单位:1.0 m^3

定额编号			D080197	D080198
项目			砌园林小设施 标准砖	砌园林小设施 八五砖
名称	单位	代号	数量	
人工	工时	11010	39.30	45.80
钢筋 $\phi8\sim\phi12$	kg	20019	40.00	40.00
砖	千块	23038	0.53	—
水泥砂浆	m^3	47020	0.25	0.28
八五砖 220 mm×105 mm×43 mm	百块	23001	—	7.66
其他材料费	%	11997	3.44	0.15
灰浆搅拌机	台时	06021	0.21	0.24

工作内容：放样，挖、做基础，调运砂浆，砌筑，抹灰，成品安装，清理现场。

单位：1.0 m^2

定额编号			D080199
项目			砌园林小设施 抹灰面
名称	单位	代号	数量
人工	工时	11010	6.40
水泥砂浆	m^3	47020	0.03
其他材料费	%	11997	34.50
灰浆搅拌机	台时	06021	0.03

8-15-22 园林小摆设(须弥座)

工作内容：选石，放样，划线，挖、做基础，调运砂浆，砌筑，抹灰，成品安装，清理现场。

单位：1.0 m^3

定额编号			D080200	D080201	D080202	D080203	D080204
项目			安装独立须弥座	制作安装（二遍剁斧）（高度≤100 cm）	制作安装（二遍剁斧）（高度≤20 cm）	制作安装（二遍剁斧）（高度≤150 cm）	制作安装（二遍剁斧）（高度＞150 cm）
名称	单位	代号	数量				
人工	工时	11010	90.30	819.60	720.50	565.90	461.00
粗料石	m^3	23005	—	1.85	1.85	1.85	1.85
水泥砂浆	m^3	47020	0.04	0.35	0.34	0.34	0.27
砂轮	片	22058	—	0.09	0.09	0.08	0.08
须弥座	m^3	41008	1.00	—	—	—	—
焦炭	kg	43008	—	3.26	3.24	2.01	2.03
其他材料费	%	11997	0.71	0.13	0.20	0.22	0.36
灰浆搅拌机	台时	06021	0.04	—	—	—	—

工作内容：选石，放样，划线，挖、做基础，调运砂浆，砌筑，抹灰，成品安装，清理现场。

单位：个

定额编号			D080205	080206	D080207	D080208	D080209	D080210
项目			龙头制作安装（明长≤50 cm）	龙头制作安装（明长≤60 cm）	龙头制作安装（明长＞60 cm）	四角龙头制作安装（明长≤100 cm）	四角龙头制作安装（明长≤120 cm）	四角龙头制作安装明长＞120 cm）
名称	单位	代号	数量					
人工	工时	11010	264.60	353.40	438.30	455.20	608.20	748.40
粗料石	m^3	23005	0.11	0.18	0.28	0.70	1.26	1.96
水泥砂浆	m^3	47020	0.02	0.02	0.02	0.06	0.06	0.07
砂轮	片	22058	0.08	0.09	0.09	0.08	0.09	0.09
钢筋	kg	20017	1.38	2.17	2.19	1.38	2.17	2.18
焦炭	kg	43008	2.03	3.16	3.24	2.13	3.14	3.25
其他材料费	%	11997	1.61	1.18	1.50	0.50	0.33	0.36

8-15-23 园林小摆设（匾额）

工作内容：制作、雕刻。

单位：1.0 m^2

定额编号			D080211	D080212	D080213	D080214
项目			匾托制作安装 普通（厚度/mm）		制作安装 弧形（厚度/mm）	
			60	每增减 10	50	每增减 5.0
名称	单位	代号	数量			
人工	工时	11010	31.20	2.30	23.90	1.60
锯材	m^3	24003	0.13	0.09	0.12	0.08
乳胶	kg	30021	0.30	—	0.30	—
铁钉	kg	22061	0.10	—	0.10	—
其他材料费	%	11997	0.40	0.40	0.40	—
注：刻字另计。						

8-15-24 园林小摆设(花架及小品)

工作内容:混凝土搅拌、运输、浇捣、养护。

单位:1.0 m^3

定额编号			D080215	D080216	D080217
项目			现浇混凝土 花架、梁檩	现浇混凝土 花架、柱	现浇混凝土 花架、零星构件
名称	单位	代号	数量		
人工	工时	11010	16.80	24.00	25.60
混凝土	m^3	47006	1.02	1.02	1.02
其他材料费	%	11997	1.48	1.28	2.79
混凝土搅拌机 出料 0.4 m^3	台时	02002	0.05	0.05	0.05
振捣器 插入式 功率 1.5 kW	台时	02049	1.00	1.00	1.00

工作内容:混凝土搅拌、运输、浇捣、养护,成品堆放,构件制作、安装,校正焊接,搭拆架子,砂浆调制,砌筑,画线,下料,拼装,安装,配铁件,刷防腐油,防锈,焊接,成品安装。

单位:1.0 m^3

定额编号			D080218	D080219	D080220	D080221	D080222	D080223
项目			混凝土 花架基础	现场预制 混凝土 花架、梁檩	现场预制 混凝土 花架、柱	现场预制 混凝土 花架、零星 构件	现场预制 混凝土花 池盆坛及 小品	预制混凝土 花架、蛤蜊 构件及小品 安装
名称	单位	代号	数量					
人工	工时	11010	15.40	24.40	25.20	28.40	34.00	26.20
垫铁	kg	22010	—	—	—	—	—	0.51
水泥砂浆	m^3	47020	—	—	—	—	—	0.02
混凝土	m^3	47006	1.02	1.02	1.02	1.02	1.02	—
电焊条	kg	22009	—	—	—	—	—	0.22
其他材料费	%	11997	1.05	1.69	3.32	7.54	7.93	20.89
混凝土搅拌机 出料 0.4 m^3	台时	02002	0.50	0.13	0.13	0.13	0.13	0.13
振捣器 插入式 功率 1.5 kW	台时	02049	1.01	0.25	0.25	0.25	0.25	0.25
汽车起重机 起重量 5.0 t	台时	04085	—	0.11	0.11	0.11	0.11	0.07

工作内容：构件制作，安装、搭拆架子，画线，下料，拼装，安装，配铁件，刷防腐油，防锈，成品安装。

单位：1.0 m^3

定额编号			D080224	D080225	D080226
项目			木制花架 柱	木制花架 梁	木制花架 檩条
名称	单位	代号	数量		
人工	工时	11010	68.70	32.40	41.60
防腐油	kg	30006	—	1.10	3.94
螺栓	kg	22024	1.21	—	1.12
铁件	kg	22062	5.21	7.50	6.51
板枋材	m^3	24001	1.10	1.10	1.10
其他材料费	%	11997	0.35	0.34	0.25
氩弧焊机 电流 500 A	台时	09221	0.02	0.02	0.02

工作内容：成品堆放，构件制作、安装，校正焊接，搭拆架子，砂浆调制，砌筑，画线，下料，拼装，安装，配铁件，刷防腐油，防锈，焊接，成品安装。

单位：1.0 t

定额编号			D080227	D080228
项目			钢制花架 钢柱	钢制花架 钢梁
名称	单位	代号	数量	
人工	工时	11010	184.30	158.10
防锈漆	kg	29003	9.20	9.20
稀释剂 501#	kg	30029	2.60	2.60
型钢	kg	20037	1 065.00	1 065.00
电焊条	kg	22009	29.77	21.95
氧气	m^3	30035	9.00	6.00
乙炔气	m^3	30036	4.12	2.70
螺栓	kg	22024	0.03	0.15
其他材料费	%	11997	3.65	2.41
汽车起重机 起重量 5.0 t	台时	04085	1.81	1.59
氩弧焊机 电流 500 A	台时	09221	14.95	15.05

8－15－25　园林小摆设(安装花坛石)

工作内容:放样,挖、做基础,调运砂浆,砌筑,抹灰,成品安装,清理现场。

单位:1.0 m^3

定额编号			D080229
名称	单位	代号	数量
人工	工时	11010	53.50
水泥砂浆	m^3	47020	0.10
花坛石	m^3	25003	1.00
其他材料费	%	11997	7.35
灰浆搅拌机	台时	06021	0.09

8－15－26　园林小摆设(池石、盆景山、风景石、土山点石)

工作内容:放样、选石、运石、调运砂浆、砌筑、塞垫嵌缝、清理、养护。

单位:1.0 t

定额编号			D080230
项目			池石、盆景山
名称	单位	代号	数量
人工	工时	11010	7.50
水泥砂浆	m^3	47020	0.02
混凝土	m^3	47006	0.03
黄石	t	41003	1.01
铁件	kg	22062	1.50
其他材料费	%	11997	4.97
混凝土搅拌机 出料 0.4 m^3	台时	02002	0.03
汽车起重机 起重量 12 t	台时	04089	0.96
灰浆搅拌机	台时	06021	0.09

工作内容:放样、选运石料、调运砂浆、堆砌、搭拆简易脚手架、塞垫嵌缝、清理、养护。

单位:1.0 t

定额编号			D080231	D080232	D080233	D080234	D080235	D080236
项目			风景石 ≤1.0 t	风景石 ≤5.0 t	风景石 ≤10 t	土山点石 (高度≤2.0 m)	土山点石 (高度≤3.0 m)	土山点石 (高度≤4.0 m)
名称	单位	代号	数量					
人工	工时	11010	19.50	17.20	15.90	10.70	12.10	12.90
水泥砂浆	m^3	47020	0.04	0.05	0.05	0.01	0.01	0.01
井湖石	t	41004	1.02	1.02	1.02	1.02	1.02	1.02
铁件	kg	22062	3.00	5.00	8.00	—	—	—
其他材料费	%	11997	1.73	1.08	1.17	0.24	0.24	0.24
汽车起重机 起重量5.0 t	台时	04085	0.68	1.10	1.23	0.49	0.68	0.78
灰浆搅拌机	台时	06021	0.07	0.16	0.20	0.10	0.10	0.10

8-15-27 园林小摆设(塑树皮垃圾桶)

工作内容:起挖、包扎土球、出塘、搬运集中(或上车)、回土填塘。

单位:只

定额编号			D080237
项目			内径 50 cm,壁厚 5 cm,桶高 70 cm
名称	单位	代号	数量
人工	工时	11010	45.90
钢筋 $\phi8\sim\phi12$	kg	20019	10.00
水泥砂浆	m^3	47020	0.07
混凝土	m^3	47006	0.03
颜料	kg	30032	0.66
钢板网	m^2	22011	1.28
其他材料费	%	11997	4.90

8-16 混凝土路面及路沿石

8-16-1 混凝土路面

工作内容:园路、路基、路床整理(包括厚度小于等于 300 mm 的挖填土、夯实、整形,弃土距离小于等于 2 m)、放线、夯实、找平垫层、模板安拆、铺面层、嵌缝、清扫。

单位:1.0 m^2

定额编号			D080238	D080239	D080240
项目			纹形状 现浇混凝土路面厚 120 mm	水刷石面 现浇混凝土路面厚 120 mm	混凝土路面每增减 10 mm
名称	单位	代号	数量		
人工	工时	11010	2.30	4.10	0.20
混凝土	m^3	47006	0.12	0.11	0.01
水泥白石子浆 1.0:2.0	m^3	47019	—	0.02	—
水	m^3	43013	0.03	0.14	0.02
其他材料费	%	11997	0.53	0.71	0.18
混凝土搅拌机 出料 0.4 m^3	台时	02002	0.06	0.06	0.01
灰浆搅拌机	台时	06021	—	0.02	—

工作内容:放线、清理基层、修整垫层、调浆、铺面层、嵌缝、清理。

单位:1.0 m^2

定额编号			D080241	D080242	D080243	D080244	D080245	D080246
项目			冰梅路面层预制混凝土假冰片(厚 5 cm)路面	冰梅路面层乱铺冰片石路面	冰梅路面层汀步石面层路面	预制混凝土板面层(厚 5 cm)方格面层路面	预制混凝土板面层(厚 5cm)异形面层路面	预制混凝土板面层(厚 10 cm)大块面层路面
名称	单位	代号	数量					
人工	工时	11010	4.20	4.60	4.40	2.70	2.80	3.20
砂	m^3	23020	0.06	0.08	0.08	0.06	0.06	0.06
水泥砂浆	m^3	47020	—	0.01	0.01	—	—	—
混凝土预制块	m^3	23011	0.05	—	—	0.05	0.05	0.10
冰片石	m^3	23003	—	0.13	—	—	—	—
汀步石	m^3	25007	—	—	0.13	—	—	—
水	m^3	43013	0.01	0.01	0.01	0.01	0.01	0.01
其他材料费	%	11997	0.30	2.97	2.31	0.30	0.30	0.30
灰浆搅拌机	台时	06021	—	0.01	0.01	—	—	—

8－16－2 路沿石

工作内容：放线、平基、运料，调制砂浆、安砌、勾缝、养护、清理。

单位：100 m

定额编号			D080247	D080248
项目			安砌混凝土路沿石规格（中砂）12 cm×30 cm×100 cm	安砌混凝土路沿石规格（中砂）12 cm×30 cm×50 cm
名称	单位	代号	数量	
人工	工时	11010	84.50	100.10
预制混凝土路沿石	m^3	45011	3.63	3.63
水	m^3	43013	1.50	1.50
砌筑砂浆 M10	m^3	47010	0.06	0.06
其他材料费	%	11997	6.90	6.90

8－17 混凝土植树框

工作内容：放线、挖槽、平基、运料，调制砂浆、安砌、勾缝及石料清打修整。

单位：100 m

定额编号			D080249	D080250	D080251	D080252	D080253	D080254
项目			植树框规格（中砂）10 cm×15 cm×50 cm			植树框规格（特细砂）10 cm×15 cm×50 cm		
			普通混凝土	彩色混凝土	石质	普通混凝土	彩色混凝土	石质
名称	单位	代号	数量					
人工	工时	11010	41.70	46.60	41.80	42.00	46.80	41.60
条石	m^3	23029	—	—	1.58	—	—	1.58
普通混凝土嵌边石 10 cm×15 cm×50 cm	m^3	45007	1.50	—	—	1.50	—	—
彩色混凝土嵌边石 10 cm×15 cm×50 cm	m^3	45002	—	1.50	—	—	1.50	—
水	m^3	43013	1.50	1.52	1.50	1.50	1.50	2.00
砌筑砂浆 M10	m^3	47010	0.03	0.09	0.06	0.03	0.03	0.06
其他材料费	%	11997	0.75	0.75	0.75	0.75	0.98	0.75

工作内容：放样、运料、拌和、垫层扒平，夯实、安砌、灌缝、扫缝。

单位：100 m

定额编号			D080255	D080256	D080257	D080258
项目			成品植树框安砌规格 （中砂） 10 cm×15 cm×50 cm		成品植树框安砌规格 （特细砂） 10 cm×15 cm×50 cm	
			普通混凝土	彩色混凝土	普通混凝土	彩色混凝土
名称	单位	代号	数量			
人工	工时	11010	44.60	46.80	44.70	46.90
普通混凝土嵌边石 10 cm×15 cm×50 cm	m^3	45007	1.50	—	1.50	—
彩色混凝土嵌边石 10 cm×15 cm×50 cm	m^3	45002	—	1.50	—	1.50
水	m^3	43013	1.50	1.50	1.50	1.50
砌筑砂浆 M10	m^3	47010	0.03	0.03	0.03	0.03
其他材料费	%	11997	0.75	0.75	0.75	0.75

8-18 嵌草砖铺装

工作内容：清理基层、原土夯实、铺垫层、砌砖、填缝、扫缝、孔内填土、清理。

单位：1.0 m^2

定额编号			D080259	D080260	D080261
项目			嵌草砖铺设规格 20 cm×20 cm× 5 cm	嵌草砖铺设规格 24 cm×12 cm× 10 cm	嵌草砖铺设规格 24 cm×12 cm× 5cm
名称	单位	代号	数量		
人工	工时	11010	7.00	6.50	6.70
砂	m^3	23020	—	—	0.05
黏土	m^3	23036	0.06	0.06	0.10
嵌草砖	m^3	45008	1.02	1.02	1.02
其他材料费	%	11997	3.30	3.45	4.50

8－19 栏杆(木、混凝土、石、钢材)

8－19－1 木栏杆

工作内容：制作、安装扶手、栏杆及垫板(不包括铁栏杆及铁件制作)。

单位：1.0 m

定额编号			D080262
项目			带木扶手
名称	单位	代号	数量
人工	工时	11010	12.60
铁钉	kg	22061	0.04
铁件	kg	22062	0.20
板枋材	m^3	24001	0.02
其他材料费	%	11997	7.26
木工加工机械双面刨床	台时	09210	0.30

8－19－2 混凝土栏杆

工作内容：冲洗石子、混凝土搅拌、浇捣、养护等全部操作过程，成品堆放，构件加固、安装、校正、焊接固定。

单位：10 m

定额编号			D080263	D080264	D080265	D080266
项目			混凝土栏杆上木扶手	花坛现场预制混凝土栏杆(高度≤500 mm)	花坛现场预制混凝土栏杆(高度≤800 mm)	花坛现场预制混凝土栏杆(高度≤1 200 mm)
名称	单位	代号	数量			
人工	工时	11010	72.90	169.30	181.30	186.40
煤焦油	kg	30015	0.29	—	—	—
钢筋 $\phi8 \sim \phi12$	kg	20019	—	100.00	120.00	160.00
锯材	m^3	24003	—	0.04	0.05	0.06
混凝土	m^3	47006	—	0.10	0.10	0.10
混凝土 C20	m^3	47007	10.23	0.21	0.28	0.40
电焊条	kg	22009	—	2.81	3.81	4.48
氧气	m^3	30035	—	0.35	0.42	0.56
乙炔气	m^3	30036	—	0.16	0.18	0.24
水	m^3	43013	22.25	0.10	0.08	0.10
木柴	kg	43011	1.18	—	—	—
铁件	kg	22062	2.58	—	—	—
其他材料费	%	11997	27.50	20.85	21.45	23.07

续表

单位:10 m

定额编号			D080263	D080264	D080265	D080266
项目			混凝土栏杆上木扶手	花坛现场预制混凝土栏杆(高度≤500 mm)	花坛现场预制混凝土栏杆(高度≤800 mm)	花坛现场预制混凝土栏杆(高度≤1 200 mm)
名称	单位	代号	数量			
混凝土搅拌机 出料 0.4 m^3	台时	02002	—	0.06	0.08	0.10
木工加工机械 双面刨床	台时	09210	2.71	—	—	—
氩弧焊机 电流 500 A	台时	09221	—	0.70	0.84	1.13

8-19-3 石栏杆

工作内容:调制灰浆、打拼头缝、打截头、成品石料安装、灌浆。

单位:1.0 m^3

定额编号			D080267
项目			扶手
名称	单位	代号	数量
人工	工时	11010	16.70
水泥砂浆	m^3	47020	0.04
石栏板、栏杆	m^3	28011	1.02
其他材料费	%	11997	3.48
灰浆搅拌机	台时	06021	0.38

8-19-4 金属栏杆

工作内容:铁艺栏杆、焊接,冲洗石子、混凝土搅拌、浇捣、养护等全部操作过程,成品堆放,构件加固、安装、校正、焊接固定。

单位:10 m^2

定额编号			D080268
项目			花坛铁艺栏杆
名称	单位	代号	数量
人工	工时	11010	55.10
膨胀螺栓 M10×M95	套	22031	30.10
成品花坛铁艺栏杆	m^2	28001	10.00
电焊条	kg	22009	0.90
其他材料费	%	11997	8.50
氩弧焊机 电流 500 A	台时	09221	0.23

工作内容:制作、安装扶手、栏杆及垫板(不包括铁栏杆及铁件制作)。

单位:1.0 m

定额编号			D080269
项目			铁栏杆上木扶手
名称	单位	代号	数量
人工	工时	11010	7.60
木螺钉	个	22030	10.00
铁栏杆	kg	28012	13.90
电焊条	kg	22009	0.05
木柴	kg	43011	0.01
螺栓	kg	22024	1.50
其他材料费	%	11997	7.77
木工加工机械 双面刨床	台时	09210	0.22

工作内容:选料、切口、挖孔、切割、调直,安装、焊接、校正固定等。

单位:1.0 t

定额编号			D080270
项目			不锈钢栏杆
名称	单位	代号	数量
人工	工时	11010	187.90
焊锡丝	kg	22016	9.00
氩气	m^3	30031	25.33
钢管	kg	32006	1 069.00
钨棒	kg	20035	4.03
其他材料费	%	11997	14.10
切断机 功率 10 kW	台时	09151	33.80
氩弧焊机 电流 500 A	台时	09221	5.30

8-20 钢管护栏

工作内容：选料、切口、挖孔、切割，安装、焊接、校正固定等(不包括混凝土捣脚)。

单位：100 m

定额编号			D080271
项目			钢管护栏
名称	单位	代号	数量
人工	工时	11010	317.52
焊接钢管	t	32125	1.54
钢板 15 mm	kg	20063	58.58
钢筋 ϕ10	kg	20056	38.00
氧气	m^3	30035	9.53
乙炔气	m^3	30036	2.90
电焊条	kg	22009	29.01
电焊机 交流 25 kVA	台时	09132	47.28

9 临时工程

说 明

一、本章包括围堰、公路、输电线路、桥梁、水塔、水池、管路、脚手架、房屋、临时围护、架空运输道等临时工程共23节。

二、汽车吊桥系柔式吊桥，跨径在150 m以内，皮带输送吊桥宽度为3.5 m，过单条皮带输送机。

三、除特别说明外，本章临时工程定额中的材料数量均系备料量，未考虑周转回收。周转及回收量可按该临时工程使用材料使用寿命及残值进行计算。为方便计算，考虑地质灾害治理的特殊性，定额中的相应材料消耗乘以表9-1中参考周转摊销系数。

表9-1 地质灾害防治工程临时工程材料参考周转摊销系数

材料名称	参考周转摊销系数
钢板桩	0.16
钢轨	0.08
钢丝绳(吊桥用)	0.10
钢管(风水管道用)	0.23
钢管(脚手架用)	0.18
阀门	0.19
卡扣件(脚手架用)	0.04
导线	0.18

四、工程量计算规则如下。

1. 围堰、截流体按设计图图示体积计算。
2. 钢板桩围堰按设计图图示面积计算。
3. 公路基础、路面按设计图图示面积计算。
4. 简易公路根据不同材料、宽度、做法按长度计算。
5. 修整旧路面按实修面积计算。
6. 桥梁根据不同材料、宽度、做法按架设的长度计算。
7. 架空运输道按运输道的长度计算。
8. 蓄水池、水塔按座数计算。
9. 管道铺设与拆除按长度计算。

10．卷扬机道按铺设或拆除的长度计算。

11．单排、双排钢管脚手架按正面投影计算，满堂脚手架按体积计算。

12．电线路工程按架设长度计算。

13．临时房屋按建筑面积计算。

14．施工临时围护按围护的面积计算。

9-1 袋装土方围堰

工作内容:填筑,装土(石)、封包、堆筑;拆除、清理。

单位:100 m³

定额编号			D090001	D090002	D090003	D090004	D090005	D090006
项目			填筑			拆除		
			草袋黏土	编织袋黏土	编织袋砂砾石	草袋黏土	编织袋黏土	编织袋砂砾石
名称	单位	代号	数量					
人工	工时	11010	967.80	702.40	738.40	166.10	107.90	117.60
草袋	个	21003	2 267.00	—	—	—	—	—
砂砾料	m³	23021	—	—	106.00	—	—	—
黏土	m³	23036	118.00	118.00	—	—	—	—
编织袋	个	21002	—	3 300.00	3 300.00	—	—	—
其他材料费	%	11997	0.80	1.00	1.00	—	—	—
注:拆除定额按就地拆除拟定,如需外运可参照土方运输定额另计运输费用。								

9-2 钢板桩围堰

工作内容:制作、搭拆板桩支撑、工作平台,打桩,拔桩。

单位:100 m²

定额编号			D090007
项目			钢板桩围堰
名称	单位	代号	数量
人工	工时	11010	1 251.70
锯材	m³	24003	1.13
钢板桩	t	42001	18.60
原木	m³	24007	5.20
铁件	kg	22062	75.20
其他材料费	%	11997	2.00
汽车起重机 起重量 5.0 t	台时	04085	10.18
卷扬机 单筒慢速 起重量 5.0 t	台时	04143	11.41
柴油打桩机 锤头重量 2.0 t～4.0 t	台时	06033	30.62
其他机械费	%	11999	1.00

9-3 围堰水下混凝土

工作内容：麻袋混凝土，配料、拌和、装麻袋、运送、潜水沉放等；水下封底混凝土，配料、拌和、导管浇注、水下检查等。

单位：100 m³

定额编号			D090008	D090009
项目			麻袋混凝土	水下封底混凝土
名称	单位	代号	数量	
人工	工时	11010	2 912.90	1 907.80
麻袋	条	21008	2 051.00	—
水下混凝土	m³	47021	104.00	104.00
其他材料费	%	11997	0.50	0.50
混凝土搅拌机 出料 0.4 m³	台时	02002	18.70	18.70
钢质趸船 载重量 35 t	台时	07207	—	15.70
木船 载重量 20 t～30 t	台时	07211	40.62	36.36
潜水衣具	台时	07212	80.28	9.26
其他机械费	%	11999	4.00	4.00

9-4 截流体填筑

工作内容：装土（石）、运输、抛投、现场清理等工作。

单位：100 m³

定额编号			D090010
项目			截流体填筑
名称	单位	代号	数量
人工	工时	11010	105.80
块石	m³	23012	92.00
混凝土预制块	m³	23011	13.00
其他材料费	%	11997	4.00
预制混凝土运输	m³	11106	13.10
单斗挖掘机 液压 斗容 4.0 m³	台时	01014	0.70
推土机 功率 132 kW	台时	01047	0.70
自卸汽车 载重量 20 t	台时	03019	3.21
其他机械费	%	11999	8.00

9-5 公路基础

工作内容:挖路槽、培路肩、基础材料的铺压等。

单位:1.0 km²

定额编号			D090011	D090012	D090013	D090014	D090015	D090016
项目			砂砾石	碎石	手摆块石	砂砾石	碎石	手摆块石
			压实厚度/cm			厚度每增减/cm		
			10	14	16	1.0		
名称	单位	代号	数量					
人工	工时	11010	333.70	438.90	603.40	36.00	36.00	42.30
块石	m³	23012	—	—	163.00	—	—	10.00
碎石	m³	23028	—	179.00	41.00	—	13.00	3.00
砂砾料	m³	23021	122.00	—	—	12.00	—	—
其他材料费	%	11997	0.50	0.50	0.50	—	—	—
压路机 内燃质量 12 t～15 t	台时	01092	7.66	9.21	8.86	—	—	—
其他机械费	%	11999	1.00	1.00	1.00	—	—	—

9-6 公路路面

工作内容:天然砂砾石,铺料、洒水、碾压、铺保护层;泥结碎石,铺料、制浆、灌浆、碾压、铺磨耗层及保护层;沥青碎石,沥青加热、洒布、铺料、碾压、铺保护层;沥青混凝土,沥青及骨料加热、配料、拌和、运输、摊铺碾压等;水泥混凝土,模板、混凝土配料、拌和、运输、浇筑、振捣、养护等。

适用范围:公路面层。

单位:1.0 km²

定额编号			D090017	D090018	D090019	D090020	D090021	D090022
项目			泥结碎石	沥青碎石	沥青混凝土	水泥混凝土	泥结碎石	沥青碎石
			压实厚度/cm				压实厚度每增减/cm	
			20	8.0	6.0	15	1.0	
名称	单位	代号	数量					
人工	工时	11010	472.30	428.40	633.40	1 601.90	22.00	46.40
砂	m³	23020	—	3.10	11.00	—	—	—
碎石	m³	23028	234.00	136.00	62.00	—	12.00	18.00
锯材	m³	24003	—	0.12	0.10	0.23	—	—

续表

单位:1.0 km²

定额编号			D090017	D090018	D090019	D090020	D090021	D090022
项目			泥结碎石	沥青碎石	沥青混凝土	水泥混凝土	泥结碎石	沥青碎石
			压实厚度/cm				压实厚度每增减/cm	
			20	8.0	6.0	15	1.0	
名称	单位	代号	数量					
矿粉	t	23013	—	—	3.00	—	—	—
石屑	m³	23024	23.00	5.10	21.00	—	1.20	—
黏土	m³	23036	59.00	—	—	—	2.90	—
混凝土 C25	m³	47008	—	—	—	153.00	—	—
沥青	t	29006	—	8.20	7.00	—	—	0.93
其他材料费	%	11997	0.50	2.00	3.00	1.50	—	—
压路机 内燃质量 12 t～15 t	台时	01092	10.03	16.04	7.51	—	—	—
混凝土搅拌机 出料 0.4 m³	台时	02002	—	—	—	24.14	—	—
强制式混凝土搅拌机 出料 0.35 m³	台时	02006	—	—	13.06	—	—	—
自卸汽车 载重量 8.0 t	台时	03013	—	—	10.09	25.09	—	—
沥青洒布车 容量 3.5 m³	台时	03063	—	9.03	—	—	—	0.50
其他机械费	%	11999	2.00	5.00	5.00	5.00	—	—

工作内容:天然砂砾石,铺料、洒水、碾压、铺保护层;泥结碎石,铺料、制浆、灌浆、碾压、铺磨耗层及保护层;沥青碎石,沥青加热、洒布、铺料、碾压、铺保护层;沥青混凝土,沥青及骨料加热、配料、拌和。

单位:1.0 km²

定额编号			D090023	D090024
项目			沥青混凝土	水泥混凝土
			压实厚度每增减/cm	
			1.0	
名称	单位	代号	数量	
人工	工时	11010	105.70	77.00
砂	m³	23020	1.81	—
碎石	m³	23028	10.04	—
锯材	m³	24003	—	0.01
矿粉	t	23013	0.48	—
石屑	m³	23024	3.51	—
混凝土 C25	m³	47008	—	10.23
沥青	t	29006	1.17	—
混凝土搅拌机 出料 0.4 m³	台时	02002	—	1.82
强制式混凝土搅拌机 出料 0.35 m³	台时	02006	2.22	—
自卸汽车 载重量 8.0 t	台时	03013	1.71	1.71

9-7 简易公路

工作内容：砂卵石地基，铺砂、压实；岩石地基，泥结碎石路面铺设、压实及排水沟开挖；土地基，手摆块石路基、铺泥结碎石路面、压实及排水沟开挖。

适用范围：地质灾害治理工程的简易公路。

单位：1.0 km

定额编号			D090025	D090026	D090027
项目			地基		
			砂卵石	岩石	土
名称	单位	代号	数量		
人工	工时	11010	736.20	3 013.30	5 322.40
砂	m^3	23020	193.80	33.35	33.35
块石	m^3	23012	—	—	572.70
碎石	m^3	23028	—	630.66	775.80
砂砾料	m^3	23021	—	—	427.80
黏土	m^3	23036	—	126.50	—
其他材料费	%	11997	1.00	1.00	1.00
压路机 内燃质量 12 t～15 t	台时	01092	31.07	47.02	62.87
其他机械费	%	11999	1.00	0.80	0.50

注1：本定额只包括排水沟开挖，未包括路基的土石方开挖、填筑；路面宽度按3.5 m计算。

注2：如宽度与本定额不同，人工费、材料费、机械费均需按面积换算。如路面宽度为2 m，则人工费、材料费、机械费需均乘以系数(2×1 000)÷(3.5×1 000)=0.57。

9-8 修整旧路面

工作内容:清除尘土浮石、湿润坑槽、拌料、填补、修整、整形、碾压。

单位:实修面积 100 m^2

定额编号			D090028	D090029	D090030	D090031
项目			泥结碎石路面 厚度 20 cm	沥青碎石路面 厚度 8.0 cm	混凝土路面 厚度 6.0 cm	混凝土路面 厚度 15 cm
名称	单位	代号	数量			
人工	工时	11010	57.30	51.40	76.40	191.10
砂	m^3	23020	—	0.31	1.10	—
碎石	m^3	23028	23.40	13.60	3.20	—
矿粉	t	23013	—	—	0.30	—
石屑	m^3	23024	2.30	0.51	2.12	—
混凝土	m^3	47006	—	—	—	15.30
黏土	m^3	23036	5.93	—	—	—
沥青	t	29006	—	0.82	0.70	—
其他材料费	%	11997	2.00	8.00	8.00	6.00
压路机 内燃质量 12 t~15 t	台时	01092	1.21	1.93	1.90	—
混凝土搅拌机 出料 0.4 m^3	台时	02002	—	—	—	2.88
强制式混凝土搅拌机 出料 0.35 m^3	台时	02006	—	—	1.57	—
载重汽车 载重量 5.0 t	台时	03004	6.42	2.57	1.92	4.80
其他机械费	%	11999	4.00	10.00	10.00	10.00

注:路面厚度与定额不一致时,定额乘以下式计算的调整系数,其中内燃机压路机 12 t~15 t 不调整。

调整系数=路面实际厚度/定额路面厚度。

9-9 桥 梁

单位:1.0 m

定额编号			D090032	D090033
项目			木桥	
			单车道	双车道
名称	单位	代号	数量	
人工	工时	11010	225.00	328.90
防腐剂	kg	30005	58.00	91.00
防水剂	kg	30041	72.00	111.00
原木	m^3	24007	4.50	6.70
桩木	m^3	24011	0.74	1.20
铁件	kg	22062	34.00	53.00
板枋材	m^3	24001	1.10	1.54
其他材料费	%	11997	1.00	1.00
载重汽车载 重量 5.0 t	台时	03004	2.00	3.00
注:载荷等级按Ⅱ级公路标准计;适用于单车道净宽 5.0 m,双车道净宽 7.7 m。				

工作内容:贝雷式汽车便桥,基础土石方和桥台制作、贝雷构件安装及桥面铺设等全部工作;吊桥,基础土石方和混凝土、索架混凝土、敷设缆索和桥面工程等全部工作。

单位:1.0 m

定额编号			D090034	D090035	D090036
项目			贝雷式汽车便桥	汽车吊桥	皮带机吊桥
名称	单位	代号	数量		
人工	工时	11010	46.20	441.70	162.00
条石	m^3	23029	0.08	2.32	—
贝雷片	t	45001	0.74	—	—
混凝土板	m^3	23010	—	—	0.10
锯材	m^3	24003	0.42	1.06	—
水泥砂浆	m^3	47020	0.02	0.50	—
混凝土	m^3	47006	—	6.26	3.22
钢筋	kg	20017	—	520.00	80.00
钢材	kg	20012	—	517.00	207.00
钢丝绳	kg	20029	—	444.00	69.00
原木	m^3	24007	0.10	0.32	—

续表

单位:1.0 m

定额编号			D090034	D090035	D090036
项目			贝雷式汽车便桥	汽车吊桥	皮带机吊桥
名称	单位	代号	数量		
铁件	kg	22062	1.00	108.60	57.40
其他材料费	%	11997	5.00	2.00	5.00
混凝土搅拌机 出料 0.4 m^3	台时	02002	—	26.20	1.01
汽车起重机 起重量 8.0 t	台时	04087	0.60	2.02	0.50
汽车起重机 起重量 50 t	台时	04095	—	3.02	—
电焊机 交流 25 kVA	台时	09132	—	4.43	1.00
其他机械费	%	11999	5.00	3.00	10.00

9-10 架空运输道

工作内容:平土、安装底座、脚手架搭设、拆除等。

单位:10 m

定额编号			D090037	D090038
项目			架子高度在 3.0 m 以内	
			木制作	钢管制
名称	单位	代号	数量	
人工	工时	11010	20.00	21.60
油漆	kg	29012	—	0.20
镀锌铁丝	kg	20006	4.38	—
防锈漆	kg	29003	—	1.72
钢管	kg	32006	—	22.22
木材	m^3	24004	0.31	0.20
卡扣件	kg	44002	—	10.31
载重汽车 载重量 6.5 t	台时	03005	1.20	0.80

注 1:本定额钢管及扣件已经考虑周转摊销。

注 2:以架宽 2.0 m 为准,如果架宽超过 2.0 m 时,应按相应定额项目乘以系数 1.2;超过 3.0 m 时按相应定额项目乘以系数 1.5。

注 3:高度超过 3.0 m 时乘以系数 1.5,超过 6.0 m 时乘以系数 2。

9－11 蓄水池

工作内容:土方开挖、混凝土浇筑、砖砌筑、土方回填等。

适用范围:混凝土底板、砖砌池壁的开敞式矩形蓄水池。

单位:座

定额编号			D090039	D090040	D090041	D090042
项目			水池容量/m³			
			35	50	65	95
名称	单位	代号	数量			
人工	工时	11010	737.90	940.50	1 180.80	1 478.80
砖	千块	23038	5.66	7.11	8.67	9.72
水泥砂浆	m³	47020	3.82	4.78	5.78	6.56
混凝土	m³	47006	3.93	4.50	5.09	8.41
钢筋	kg	20017	17.98	20.88	23.82	28.10
其他材料费	%	11997	5.00	5.00	5.00	5.00
胶轮车	台时	03074	177.20	232.90	298.90	378.10
其他机械费	%	11999	5.00	5.00	5.00	5.00

9－12 水　塔

工作内容:地基平整、开挖地槽、砌石基础、水泥地坪、搭立排架、水箱制作、安装、油漆保养、完工拆除及材料场内运输。

单位:座

定额编号			D090043	D090044
项目			水塔容量/ m³	
			5.0	10
名称	单位	代号	数量	
人工	工时	11010	185.60	233.00
砂	m³	23020	1.80	2.00
块石	m³	23012	4.02	5.41
碎石	m³	23028	1.00	1.40
防锈漆	kg	29003	4.63	7.27
钢管 ϕ60	kg	32014	185.40	219.90
锯材	m³	24003	0.06	0.07

续表

单位:100 m^2

定额编号			D090043	D090044
项目			水塔容量/ m^3	
			5.0	10
名称	单位	代号	数量	
轻轨	kg	46004	16.12	18.21
型钢	kg	20037	2.40	4.00
钢板	kg	20009	39.30	62.30
电焊条	kg	22009	1.00	1.60
水泥 42.5	kg	47018	770.00	920.00
其他材料费	%	11997	2.00	2.00
胶轮车	台时	03074	19.07	24.11
卷扬机 单筒慢速 起重量 3.0 t	台时	04142	2.52	2.52
电焊机 交流 25 kVA	台时	09132	0.90	1.50
其他机械费	%	11999	4.00	6.00

9-13 管道铺设

工作内容:钢管铺设、附件制安、完工拆除。

适用范围:施工用临时风、水管道。

单位:1.0 km

定额编号			D090045	D090046	D090047	D090048	D090049	D090050
项目			钢管丝接连接 外径/mm					
			20	25	32	40	50	80
名称	单位	代号	数量					
人工	工时	11010	281.40	306.00	331.90	364.30	428.20	499.40
电焊条	kg	22009	2.00	2.00	2.00	3.00	3.00	3.00
钢管	m	32035	1 020.00	1 020.00	1 020.00	1 020.00	1 020.00	1 020.00
阀门	个	34001	25.00	20.00	20.00	20.00	20.00	8.00
管件	kg	33001	163.00	163.00	142.00	141.00	137.00	100.00
铅油	kg	30019	4.00	4.00	5.00	5.00	6.00	7.00
其他材料费	%	11997	2.00	2.00	2.00	2.00	2.00	2.00
电焊机 交流 25 kVA	台时	09132	8.02	8.02	9.01	10.02	11.05	13.00
其他机械费	%	11999	5.00	5.00	5.00	5.00	5.00	5.00

工作内容：钢管铺设、附件制安、完工拆除。

单位：1.0 km

定额编号			D090051	D090052	D090053	D090054	D090055	D090056
项目			钢管丝接连接外径/mm	钢管焊接连接 外径/mm				
			100	80	100	150	200	250
名称	单位	代号	数量					
人工	工时	11010	589.20	639.80	998.20	1 315.50	1 731.60	2 267.60
电焊条	kg	22009	4.00	24.00	29.00	76.00	136.00	185.00
氧气	m^3	30035	—	46.00	54.00	102.00	135.00	164.00
乙炔气	m^3	30036	—	25.00	25.00	47.00	73.00	88.00
钢管	m	32035	1 020.00	1 020.00	1 020.00	1 020.00	1 020.00	1 020.00
阀门	个	34001	8.00	7.00	7.00	3.00	3.00	2.00
法兰盘	副	35002	—	7.00	7.00	3.00	3.00	2.00
管件	kg	33001	100.00	32.00	42.00	63.00	133.00	174.00
铅油	kg	30019	10.00	—	—	—	—	—
其他材料费	%	11997	2.00	1.00	1.00	1.00	1.00	1.00
载重汽车 载重量 5.0 t	台时	03004	—	4.02	5.01	10.05	14.08	18.03
履带起重机 油动 起重量 15 t	台时	04075	—	—	—	45.22	45.22	72.63
电焊机 交流 25 kVA	台时	09132	15.14	110.14	110.14	161.12	265.53	296.97
其他机械费	%	11999	5.00	2.00	2.00	2.00	2.00	2.00

工作内容：钢管铺设、附件制安、完工拆除。

单位：1.0 km

定额编号			D090057	D090058	D090059	D090060	D090061	D090062
项目			钢管焊接连接外径/mm		钢板卷管焊接连接 外径/mm			
			300	400	200	300	400	500
名称	单位	代号	数量					
人工	工时	11010	2 633.20	3 794.60	1 709.60	2 388.90	3 177.50	4 320.90
电焊条	kg	22009	220.00	378.00	97.00	142.00	268.00	315.00
氧气	m^3	30035	201.00	297.00	48.00	80.00	112.00	134.00
乙炔气	m^3	30036	108.00	160.00	26.00	43.00	60.00	72.00
钢管	m	32035	1 020.00	1 020.00	1 020.00	1 020.00	1 020.00	1 020.00
阀门	个	34001	2.00	2.00	8.00	6.00	4.00	3.00
法兰盘	副	35002	2.00	2.00	8.00	6.00	4.00	3.00
管件	kg	33001	222.00	426.00	314.00	575.00	917.00	1 120.00

续表

单位:100 m²

定额编号			D090057	D090058	D090059	D090060	D090061	D090062
项目			钢管焊接连接 外径/mm		钢板卷管焊接连接 外径/mm			
			300	400	200	300	400	500
名称	单位	代号	数量					
其他材料费	%	11997	1.00	1.00	1.00	1.00	1.00	1.00
载重汽车 载重量 5.0 t	台时	03004	27.07	36.11	14.05	27.07	36.11	38.17
履带起重机 油动 起重量 15 t	台时	04075	72.70	90.35	45.40	70.50	90.35	90.35
电焊机 交流 25 kVA	台时	09132	306.90	401.00	382.80	571.30	791.80	952.50
其他机械费	%	11999	2.00	2.00	2.00	2.00	2.00	2.00

工作内容:钢管铺设、附件制安、完工拆除。

单位:1.0 km

定额编号			D090063	D090064	D090065	D090066	D090067	D090068
项目			钢板卷管焊接连接 外径/mm				钢管法兰连接 外径/mm	
			600	700	800	1 000	80	100
名称	单位	代号	数量					
人工	工时	11010	4 774.70	5 500.40	6 218.30	7 927.90	613.60	727.90
橡胶石棉板	kg	31003	—	—	—	—	27.00	36.00
电焊条	kg	22009	542.00	620.00	706.00	945.00	83.00	101.00
氧气	m³	30035	178.00	204.00	232.00	340.00	46.00	54.00
乙炔气	m³	30036	96.00	110.00	125.00	183.00	25.00	29.00
钢管	m	32035	1 020.00	1 020.00	1 020.00	1 020.00	1 020.00	1 020.00
阀门	个	34001	2.00	2.00	2.00	2.00	8.00	6.00
法兰螺栓	kg	35001	—	—	—	—	155.00	324.00
法兰盘	副	35002	2.00	2.00	2.00	2.00	211.00	211.00
管件	kg	33001	1 368.00	1 679.00	2 263.00	2 856.00	32.00	41.00
其他材料费	%	11997	1.00	1.00	1.00	1.00	1.00	1.00
载重汽车 载重量 5.0 t	台时	03004	41.15	45.25	54.38	81.07	4.03	5.01
履带起重机 油动 起重量 15 t	台时	04075	135.35	135.35	135.35	225.43	—	—
电焊机 交流 25 kVA	台时	09132	971.89	1 092.24	1 246.77	1 613.57	180.59	211.85
其他机械费	%	11999	2.00	2.00	2.00	2.00	2.00	2.00

工作内容：钢管铺设、附件制安、完工拆除。

单位：1.0 km

定额编号			D090069	D090070	D090071	D090072	D090073
项目			钢管法兰连接 外径/mm				
			125	150	200	250	300
名称	单位	代号	数量				
人工	工时	11010	922.70	1 089.80	1 503.50	1 848.60	2 235.40
橡胶石棉板	kg	31003	58.00	71.00	84.00	96.00	104.00
电焊条	kg	22009	173.00	213.00	436.00	779.00	928.00
氧气	m^3	30035	69.00	102.00	135.00	164.00	201.00
乙炔气	m^3	30036	37.00	55.00	73.00	88.00	108.00
钢管	m	32035	1 020.00	1 020.00	1 020.00	1 020.00	1 020.00
阀门	个	34001	3.00	3.00	2.00	2.00	2.00
法兰螺栓	kg	35001	405.00	672.00	672.00	1 073.00	1 114.00
法兰盘	副	35002	253.00	253.00	253.00	260.00	260.00
管件	kg	33001	41.00	63.00	133.00	174.00	222.00
其他材料费	%	11997	1.00	1.00	1.00	1.00	1.00
载重汽车 载重量 5.0 t	台时	03004	8.06	10.04	14.07	18.04	27.25
履带起重机 油动 起重量 15 t	台时	04075	—	45.11	45.11	72.54	72.54
电焊机 交流 25 kVA	台时	09132	319.30	319.30	566.30	715.60	910.30
其他机械费	%	11999	2.00	2.00	2.00	2.00	2.00

9-14 管道移设

工作内容：旧管拆除、修整配套、钢管铺设、附件制安。

单位：1.0 km

定额编号			D090074	D090075	D090076	D090077	D090078	D090079
项目			钢管丝接连接 外径/mm					
			20	25	32	40	50	80
名称	单位	代号	数量					
人工	工时	11010	254.70	273.90	293.10	314.30	369.90	428.80
钢管	m	32035	21.00	21.00	21.00	21.00	21.00	21.00
阀门	个	34001	2.00	2.00	2.00	2.00	2.00	2.00
管件	kg	33001	16.00	14.00	14.00	14.00	13.00	10.00
铅油	kg	30019	4.00	4.00	5.00	5.00	6.00	7.00
其他材料费	%	11997	5.00	5.00	5.00	5.00	5.00	5.00
电焊机 交流 25 kVA	台时	09132	2.00	2.00	3.00	3.00	3.00	3.00
其他机械费	%	11999	5.00	5.00	5.00	5.00	5.00	5.00

工作内容:旧管拆除、修整配套、钢管铺设、附件制安。

单位:1.0 km

定额编号			D090080	D090081	D090082	D090083	D090084	D090085
项目			钢管丝接连接外径/mm	钢管焊接连接 外径/mm				
			100	80	100	150	200	250
名称	单位	代号	数量					
人工	工时	11010	522.50	634.10	1 013.40	1 349.70	1 789.50	2 335.10
电焊条	kg	22009	—	26.00	32.00	77.00	138.00	186.00
氧气	m^3	30035	—	34.00	40.00	70.00	93.00	110.00
乙炔气	m^3	30036	—	18.00	22.00	38.00	50.00	60.00
钢管	m	32035	21.00	31.00	31.00	31.00	31.00	31.00
阀门	个	34001	2.00	2.00	2.00	2.00	2.00	2.00
法兰盘	副	35002	—	1.00	1.00	1.00	1.00	1.00
管件	kg	33001	10.00	8.00	9.00	14.00	29.00	29.00
铅油	kg	30019	10.00	—	—	—	—	—
其他材料费	%	11997	5.00	1.00	1.00	1.00	1.00	1.00
载重汽车 载重量 5.0 t	台时	03004	—	4.02	5.05	10.08	14.04	18.05
履带起重机 油动 起重量 15 t	台时	04075	—	—	—	45.06	45.13	70.18
电焊机 交流 25 kVA	台时	09132	4.04	110.39	110.38	161.59	265.68	295.32
其他机械费	%	11999	5.00	2.00	2.00	2.00	2.00	2.00

工作内容:旧管拆除、修整配套、钢管铺设、附件制安。

单位:1.0 km

定额编号			D090086	D090087	D090088	D090089	D090090	D090091
项目			钢管焊接连接 外径/mm		钢板卷管焊接连接 外径/mm			
			300	400	200	300	400	500
名称	单位	代号	数量					
人工	工时	11010	2 699.60	3 881.20	1 827.90	2 511.30	3 353.90	4 580.50
电焊条	kg	22009	221.00	380.00	121.00	178.00	335.00	401.00
氧气	m^3	30035	135.00	199.00	50.00	81.00	113.00	138.00
乙炔气	m^3	30036	85.00	107.00	27.00	44.00	61.00	74.00
钢管	m	32035	31.00	31.00	31.00	31.00	31.00	31.00
阀门	个	34001	2.00	2.00	1.00	1.00	1.00	1.00
法兰盘	副	35002	1.00	1.00	—	—	—	—
管件	kg	33001	37.00	71.00	30.00	58.00	102.00	147.00
其他材料费	%	11997	1.00	1.00	1.00	1.00	1.00	1.00
载重汽车 载重量 5.0 t	台时	03004	27.17	36.04	14.02	27.17	36.04	38.37
履带起重机 油动 起重量 15 t	台时	04075	70.58	90.07	45.07	72.26	90.74	90.25
电焊机 交流 25 kVA	台时	09132	306.00	400.90	381.60	575.50	787.50	958.60
其他机械费	%	11999	2.00	2.00	2.00	2.00	2.00	2.00

工作内容:旧管拆除、修整配套、钢管铺设、附件制安。

单位:1.0 km

定额编号			D090092	D090093	D090094	D090095	D090096	D090097
项目			钢板卷管焊接连接 外径/mm				钢管法兰连接 外径/mm	
			600	700	800	1 000	80	100
名称	单位	代号	数量					
人工	工时	11010	5 176.60	5 838.40	6 580.10	8 408.90	339.10	405.60
橡胶石棉板	kg	31003	—	—	—	—	3.00	4.00
电焊条	kg	22009	687.00	785.00	894.00	1 209.00	10.00	12.00
氧气	m^3	30035	180.00	206.00	235.00	350.00	10.00	11.00
乙炔气	m^3	30036	97.00	111.00	126.00	188.00	5.00	6.00
钢管	m	32035	31.00	31.00	31.00	31.00	21.00	21.00
阀门	个	34001	1.00	1.00	1.00	1.00	1.00	1.00
法兰螺栓	kg	35001	—	—	—	—	31.00	65.00
法兰盘	副	35002	—	—	—	—	21.00	21.00
管件	kg	33001	198.00	241.00	327.00	477.00	16.00	23.00
其他材料费	%	11997	1.00	1.00	1.00	1.00	1.00	1.00
载重汽车 载重量 5.0 t	台时	03004	41.23	45.24	54.08	81.50	4.03	5.01
履带起重机 油动 起重量 15 t	台时	04075	135.90	135.80	135.70	227.10	—	—
电焊机 交流 25 kVA	台时	09132	969.90	1 086.50	1 237.40	1 674.50	18.00	21.10
其他机械费	%	11999	2.00	2.00	2.00	2.00	2.00	2.00

工作内容:旧管拆除、修整配套、钢管铺设、附件制安。

单位:1.0 km

定额编号			D090098	D090099	D090100	D090101	D090102
项目			钢管法兰连接 外径/mm				
			125	150	200	250	300
名称	单位	代号	数量				
人工	工时	11010	456.60	534.80	759.00	870.60	1 082.00
橡胶石棉板	kg	31003	6.00	7.00	8.00	10.00	10.00
电焊条	kg	22009	16.00	25.00	47.00	62.00	73.00
氧气	m^3	30035	12.00	18.00	24.00	27.00	33.00
乙炔气	m^3	30036	7.00	10.00	13.00	15.00	18.00
钢管	m	32035	21.00	21.00	21.00	21.00	21.00
阀门	个	34001	1.00	1.00	1.00	1.00	1.00
法兰螺栓	kg	35001	81.00	134.00	134.00	215.00	223.00
法兰盘	副	35002	25.00	25.00	25.00	20.00	20.00
管件	kg	33001	28.00	41.00	87.00	116.00	153.00
其他材料费	%	11997	1.00	1.00	1.00	1.00	1.00
载重汽车 载重量 5.0 t	台时	03004	8.06	10.02	14.12	18.08	27.19
履带起重机 油动 起重量 15 t	台时	04075	—	45.26	45.26	72.20	72.20
电焊机 交流 25 kVA	台时	09132	32.06	32.31	57.51	60.59	70.20
其他机械费	%	11999	2.00	2.00	2.00	2.00	2.00

9－15 硬塑输水管道铺设

工作内容：场内运输、管道安装、黏结、调直、管件安装、管道试压等。

适用范围：硬塑输水管道铺设(PVC、UPVC、PE等管材)、黏结连接、埋地铺设。

单位：1.0 km

定额编号			D090103	D090104	D090105	D090106	D090107	D090108	D090109	D090110
项目			黏结接口 管外径/mm							
			≤25	25～32	32～50	50～75	75～110	110～125	125～140	140～160
名称	单位	代号	数量							
人工	工时	11010	311.40	327.70	420.50	350.40	728.40	817.70	883.80	997.40
砂布	张	22057	19.14	28.71	38.28	57.42	57.42	76.56	76.56	76.56
丙酮	kg	30001	8.80	1.10	1.65	2.63	5.17	5.94	7.15	7.70
硬塑管	m	32031	1 020.00	1 020.00	1 020.00	1 020.00	1 020.00	1 020.00	1 020.00	1 020.00
氯丁黏结剂	kg	30014	0.55	0.77	1.10	1.76	3.62	3.96	4.73	5.28
其他材料费	%	11997	2.00	2.00	2.00	2.00	2.00	2.00	2.00	2.00
木工加工机械 圆盘锯	台时	09208	—	—	—	1.27	1.27	1.27	1.27	1.69
其他机械费	%	11999	3.00	3.00	3.00	3.00	3.00	3.00	3.00	3.00

工作内容：场内运输、管道安装、黏结、调直、管件安装、管道试压等。

适用范围：硬塑输水管道铺设(PVC、UPVC、PE等管材)、承插密封橡胶圈接口、埋地铺设。

单位：1.0 km

定额编号			D090111	D090112	D090113	D090114	D090115	D090116	D090117	D090118
项目			胶圈接口 管外径/mm							
			≤90	90～125	125～160	160～250	250～315	315～355	355～400	400～500
名称	单位	代号	数量							
人工	工时	11010	627.10	748.00	905.20	1 488.70	1 737.30	2 110.30	2 303.00	2 662.20
砂布	张	22057	86.00	86.00	86.00	86.00	86.00	86.00	86.00	86.00
丙酮	kg	30001	57.42	76.56	76.56	121.44	133.87	143.44	162.58	172.15
硬塑管	m	32031	1 020.00	1 020.00	1 020.00	1 020.00	1 020.00	1 020.00	1 020.00	1 020.00
氯丁黏结剂	kg	30014	8.14	8.80	11.11	15.51	15.55	19.91	19.95	24.31
其他材料费	%	11997	2.00	2.00	2.00	2.00	2.00	2.00	2.00	2.00
木工加工机械 圆盘锯	台时	09208	1.27	1.43	1.68	2.12	2.54	2.70	2.97	4.23
其他机械费	%	11999	3.00	3.00	3.00	3.00	3.00	3.00	3.00	3.00

9－16 卷扬机道铺设

工作内容：安放枕轨、铺设钢轨、检查修整、组合试运行等。

单位：100 m

定额编号			D090119	D090120	D090121	D090122	D090123	D090124	D090125	D090126
项目			轨距 610 mm，轨重 12 kg/m 混凝土轨枕		轨距 610 mm，轨重 15 kg/m 混凝土轨枕		轨距 762 mm，轨重 12 kg/m 混凝土轨枕		轨距 762 mm，轨重 15 kg/m 混凝土轨枕	
			m^3	根	m^3	根	m^3	根	m^3	根
名称	单位	代号	数量							
人工	工时	11010	345.80	345.10	371.00	370.00	376.20	374.20	400.20	399.80
轨枕	根	46002	—	153.00	—	153.00	—	153.00	—	153.00
铁道附件	t	46005	0.15	0.15	0.21	0.21	0.15	0.15	0.21	0.21
混凝土轨枕	m^3	46003	0.30	—	0.30	—	0.40	—	0.40	—
钢轨	t	46001	2.44	2.44	3.04	3.04	2.44	2.44	3.04	3.04
其他材料费	%	11997	1.00	1.00	1.00	1.00	1.00	1.00	1.00	1.00

9－17 卷扬机道拆除

工作内容：旧轨拆除、材料堆码及清理。

单位：100 m

定额编号			D090127	D090128	D090129	D090130
项目			轨距 610 mm，轨重 kg/m		轨距 762 mm，轨重 kg/m	
			12	15	12	15
名称	单位	代号	数量			
人工	工时	11010	25.00	26.20	28.00	29.10

9－18 钢管脚手架

工作内容：脚手架及脚手板搭设、维护、拆除。

单位：表列单位

定额编号			D090131	D090132	D090133
项目			单排脚手架	双排脚手架	满堂脚手架
			100 m^2		100 m^3
名称	单位	代号	数量		
人工	工时	11010	38.10	55.10	57.40
钢管 ϕ50	kg	32013	1 053.00	1 853.00	1 886.00
卡扣件	kg	44002	158.00	315.00	101.00
其他材料费	%	11997	15.00	15.00	15.00

9-19 380V供电线路工程

工作内容：挖坑、立杆、横担组装、线路架设、完工拆除。

单位：1.0 km

定额编号			D090134	D090135	D090136	D090137	D090138	D090139
项目			架设					
			木电杆长度/m			混凝土电杆长度/m		
			≤7.0	7.0～9.0	9.0～11	≤7.0	7.0～9.0	9.0～11
名称	单位	代号	数量					
人工	工时	11010	924.20	1 305.20	1 644.60	1 638.20	2 206.90	3 127.80
导线 BLX-16	m	38002	4 330.00	4 330.00	4 330.00	4 330.00	4 330.00	4 330.00
瓷瓶	个	37001	149.00	149.00	149.00	149.00	149.00	149.00
线夹	个	39023	26.00	26.00	26.00	26.00	26.00	26.00
电杆	根	39009	26.00	26.00	26.00	26.00	26.00	26.00
混凝土拉线块 LP-6	块	39020	13.00	13.00	13.00	13.00	13.00	13.00
钢绞拉线 GJ-35	m	20013	140.00	163.00	195.00	140.00	163.00	195.00
螺栓、铁件	kg	22025	379.00	379.00	379.00	431.00	431.00	431.00
铁横担∟ 63 cm×6.0 cm×1 500 cm	根	39017	41.00	43.00	43.00	41.00	43.00	43.00
其他材料费	%	11997	2.00	2.00	2.00	2.00	2.00	2.00
载重汽车 载重量 5.0 t	台时	03004	15.03	17.14	18.00	19.16	22.07	24.03
汽车起重机 起重量 5.0 t	台时	04085	—	—	—	4.00	5.00	7.00

工作内容：旧线拆除、挖坑、立杆、修整配套旧线、横担组装、线路架设。

单位：1.0 km

定额编号			D090140	D090141	D090142	D090143	D090144	D090145
项目			移设					
			木电杆长度/m			混凝土电杆长度/m		
			≤7.0	7.0～9.0	9.0～11	≤7.0	7.0～9.0	9.0～11
名称	单位	代号	数量					
人工	工时	11010	975.80	1 376.30	1 746.20	1 727.40	2 305.20	3 296.20
导线 BLX-16	m	38002	433.00	433.00	433.00	433.00	433.00	433.00
瓷瓶	个	37001	30.00	30.00	30.00	30.00	30.00	30.00
线夹	个	39023	2.00	2.00	2.00	2.00	2.00	2.00
电杆	根	39009	10.00	10.00	10.00	3.00	3.00	3.00
混凝土拉线块 LP-6	块	39020	13.00	13.00	13.00	13.00	13.00	13.00
钢绞拉线 GJ-50	m	20014	14.00	14.00	14.00	14.00	14.00	14.00
螺栓、铁件	kg	22025	133.00	133.00	133.00	139.00	139.00	139.00
铁横担 ∟ 63 cm×6.0 cm×1 500 cm	根	39017	4.00	4.00	4.00	4.00	4.00	4.00
其他材料费	%	11997	5.00	5.00	5.00	5.00	5.00	5.00
载重汽车 载重量 5.0 t	台时	03004	15.14	17.04	18.10	19.02	22.21	24.09
汽车起重机 起重量 5.0 t	台时	04085	—	—	—	4.03	5.03	7.02

9-20 10kV 供电线路工程

工作内容：挖坑、立杆、横担组装、线路架设、完工拆除。

单位：1.0 km

定额编号			D090146	D090147	D090148	D090149	D090150	D090151
项目			架设					
			木电杆长度/m				混凝土电杆长度/m	
			9.0～11	11～13	13～15	15～18	9.0～11	11～13
名称	单位	代号	数量					
人工	工时	11010	2 051.40	2 461.20	2 542.60	2 671.30	2 552.10	3 028.90
导线 LGJ-120	m	38003	3 250.00	3 250.00	3 250.00	3 250.00	3 250.00	3 250.00
木电杆	根	39014	21.00	21.00	17.00	17.00	—	—
耐张线夹	个	39015	36.00	36.00	30.00	30.00	36.00	36.00
混凝土拉线块 LP-8	块	39021	12.00	12.00	10.00	10.00	12.00	12.00
UT 线夹 NUT-2	个	39001	12.00	12.00	10.00	10.00	12.00	12.00
并沟线夹 JB-2	个	39003	36.00	36.00	30.00	30.00	36.00	36.00
瓷横担 S210	根	39005	37.00	37.00	30.00	30.00	37.00	37.00
瓷横担 S210Z	根	39006	26.00	26.00	21.00	21.00	26.00	26.00
混凝土底盘	个	39010	12.00	12.00	10.00	10.00	21.00	21.00
混凝土电杆	根	39012	—	—	—	—	21.00	21.00
铁横担∟ 63 cm×6.0 cm×800 cm	根	39018	20.00	20.00	16.00	16.00	20.00	20.00
铁横担∟ 80 cm×8.0 cm×1 700 cm	根	39019	7.00	7.00	6.00	6.00	7.00	7.00
楔形线夹 NX-2	个	39024	12.00	12.00	10.00	10.00	12.00	12.00
悬式绝缘子 X-4.5	个	39025	72.00	72.00	60.00	60.00	72.00	72.00
混凝土底盘 800 cm×800 cm×180 cm	个	39011	—	—	—	—	12.00	12.00
镀锌钢绞线 GJ-50	m	20003	217.00	257.00	275.00	345.00	217.00	257.00
螺栓	kg	22024	57.00	57.00	47.00	47.00	57.00	57.00
铁件	kg	22062	557.00	557.00	459.00	459.00	557.00	557.00
其他材料费	%	11997	2.00	2.00	2.00	2.00	2.00	2.00
载重汽车 载重量 5.0 t	台时	03004	19.03	21.02	23.03	25.08	28.14	30.03
汽车起重机 起重量 8.0 t	台时	04087	—	—	—	—	24.00	25.00

工作内容：挖坑、立杆、横担组装、线路架设、完工拆除。

单位：1.0 km

定额编号			D090152	D090153	D090154	D090155	D090156	D090157
项目			架设		移设			
			混凝土电杆长度/m		木电杆长度/m			
			13～15	15～18	9.0～11	11～13	13～15	15～18
名称	单位	代号	数量					
人工	工时	11010	3 303.90	3 685.50	2 142.20	2 592.30	2 664.70	2 809.70
导线 LGJ-120	m	38003	3 250.00	3 250.00	325.00	325.00	325.00	325.00
木电杆	根	39014	—	—	9.00	9.00	7.00	7.00
耐张线夹	个	39015	30.00	30.00	—	—	—	—
线夹	个	39023	—	—	6.00	6.00	6.00	6.00
混凝土拉线块 LP-8	块	39021	10.00	10.00	15.00	15.00	15.00	15.00
UT 线夹 NUT-2	个	39001	10.00	10.00	—	—	—	—
并沟线夹 JB-2	个	39003	30.00	30.00	—	—	—	—
瓷横担	个	39004	—	—	32.00	32.00	29.00	29.00
瓷横担 S210	根	39005	30.00	30.00	—	—	—	—
瓷横担 S210Z	根	39006	21.00	21.00	—	—	—	—
混凝土底盘	个	39010	17.00	17.00	—	—	—	—
混凝土电杆	根	39012	17.00	17.00	—	—	—	—
铁横担∟ 63 cm×6.0 cm×800 cm	根	39018	16.00	16.00	4.00	4.00	3.00	3.00
铁横担∟ 80 cm×8.0 cm×1 700 cm	根	39019	6.00	6.00	—	—	—	—
楔形线夹 NX-2	个	39024	10.00	10.00	—	—	—	—
悬式绝缘子 X-4.5	个	39025	60.00	60.00	—	—	—	—
混凝土底盘 800 cm×800 cm×180 cm	个	39011	10.00	10.00	—	—	—	—
镀锌钢绞线 GJ-50	m	20003	275.00	345.00	—	—	—	—
电焊条	kg	22009	30.00	83.00	—	—	—	—
钢绞拉线 GJ-50	m	20014	—	—	22.00	26.00	28.00	35.00
螺栓	kg	22024	47.00	47.00	—	—	—	—
螺栓、铁件	kg	22025	—	—	178.00	199.00	222.00	222.00
铁件	kg	22062	459.00	459.00	—	—	—	—
其他材料费	%	11997	2.00	2.00	5.00	5.00	5.00	5.00
载重汽车 载重量 5.0 t	台时	03004	32.27	34.20	19.04	21.20	23.13	25.07
汽车起重机 起重量 8.0 t	台时	04087	26.21	27.02	—	—	—	—
电焊机 交流 25 kVA	台时	09132	15.12	20.09	—	—	—	—

工作内容:旧线拆除、挖坑、立杆、修整配套旧线、横担组装、线路架设。

单位:1.0 km

定额编号			D090158	D090159	D090160	D090161
项目			移设			
			混凝土电杆长度/m			
			9.0~11	11~13	13~15	15~18
名称	单位	代号	数量			
人工	工时	11010	2 674.00	3 171.50	3 470.50	3 869.20
导线 LGJ-120	m	38003	325.00	325.00	325.00	325.00
线夹	个	39023	8.00	8.00	8.00	8.00
混凝土电杆	根	39012	2.00	2.00	2.00	2.00
混凝土拉线块 LP-8	块	39021	15.00	15.00	15.00	15.00
瓷横担	个	39004	30.00	30.00	28.00	28.00
混凝土底盘	个	39010	6.00	6.00	6.00	6.00
铁横担 ∟ 63 cm×6.0 cm×800 cm	根	39018	4.00	4.00	3.00	3.00
钢绞拉线 GJ-50	m	20014	22.00	26.00	28.00	35.00
螺栓、铁件	kg	22025	171.00	171.00	169.00	169.00
其他材料费	%	11997	5.00	5.00	5.00	5.00
载重汽车 载重量 5.0 t	台时	03004	28.02	30.23	32.24	34.02
汽车起重机 起重量 5.0 t	台时	04085	24.06	25.15	26.04	27.10

9-21 照明线路工程

工作内容:挖坑、立杆、横担组装、线路架设、灯具安装、完工拆除。

单位:1.0 km

定额编号			D090162	D090163	D090164	D090165	D090166	D090167
项目			架设				移设	
			木电杆长度/m		混凝土电杆长度/m		木电杆长度/m	
			≤7.0	7.0~9.0	≤7.0	7.0~9.0	≤7.0	7.0~9.0
名称	单位	代号	数量					
人工	工时	11010	856.90	1 094.00	1 513.70	1 892.40	899.60	1 137.00
导线 BLX-16	m	38002	216.00	216.00	216.00	216.00	216.00	216.00
瓷瓶	个	37001	75.00	75.00	75.00	75.00	15.00	15.00
灯具	套	36002	26.00	26.00	26.00	26.00	3.00	3.00
线夹	个	39023	26.00	26.00	26.00	26.00	2.00	2.00

续表

单位:1.0 km

定额编号			D090162	D090163	D090164	D090165	D090166	D090167
项目			架设				移设	
			木电杆长度/m		混凝土电杆长度/m		木电杆长度/m	
			≤7.0	7.0～9.0	≤7.0	7.0～9.0	≤7.0	7.0～9.0
名称	单位	代号	数量					
电杆	根	39009	26.00	26.00	26.00	26.00	10.00	10.00
混凝土拉线块 LP-6	块	39020	13.00	13.00	13.00	13.00	13.00	13.00
钢绞拉线 GJ-50	m	20014	140.00	163.00	140.00	163.00	14.00	16.00
螺栓、铁件	kg	22025	268.00	268.00	367.00	367.00	114.00	114.00
铁横担∟ 50 cm×5.0 cm×1 000 cm	根	39016	37.00	37.00	37.00	37.00	4.00	4.00
其他材料费	%	11997	2.00	2.00	2.00	2.00	5.00	5.00
载重汽车 载重量 5.0 t	台时	03004	15.04	17.14	19.08	22.10	15.13	17.06
汽车起重机 起重量 5.0 t	台时	04085	—	—	4.00	5.00	—	—

工作内容:旧线拆除、挖坑、立杆、修整配套旧线、横担组装、线路架设。

单位:1.0 km

定额编号			D090168	D090169
项目			移设	
			混凝土电杆长度/m	
			≤7.0	7.0～9.0
名称	单位	代号	数量	
人工	工时	11010	1 596.40	1 993.50
导线 BLX-16	m	38002	216.00	216.00
瓷瓶	个	37001	15.00	15.00
灯具	套	36002	3.00	3.00
线夹	个	39023	2.00	2.00
混凝土电杆	根	39012	3.00	3.00
混凝土拉线块 LP-6	块	39020	13.00	13.00
钢绞拉线 GJ-50	m	20014	14.00	16.00
螺栓、铁件	kg	22025	134.00	134.00
铁横担∟ 50 cm×5.0 cm×1 000 cm	根	39016	4.00	4.00
其他材料费	%	11997	5.00	5.00
载重汽车 载重量 5.0 t	台时	03004	19.04	22.11
汽车起重机 起重量 5.0 t	台时	04085	4.02	5.02

9－22 临时房屋

工作内容：平整场地(厚度 0.2 m 以内)、基础、地坪、内外墙、门窗、屋架、屋面及室内照明工程。

单位：100 m^2

定额编号			D090170	D090171
项目			平房	
			甲类	乙类
名称	单位	代号	数量	
人工	工时	11010	1 299.00	992.90
生石灰	kg	23022	599.00	225.00
屋脊瓦	匹	23031	34.00	34.00
锯材	m^3	24003	3.79	3.34
石棉水泥瓦	张	23042	135.00	135.00
竹席	m^2	24009	110.00	—
砖	千块	23038	11.13	11.13
砂浆	m^3	47013	10.70	5.21
其他材料费	%	11997	7.00	6.00

注 1：本定额不包括平均厚度超过 0.2 m 的场地开挖、室外堡坎、挡墙、给排水、照明线路及道路。

注 2：甲类房屋构造为石棉水泥瓦屋面、人字木屋架、内外砖墙木门窗、三合土地面，以及外墙为清水墙、内墙外石灰砂浆抹面、竹席天棚。乙类房屋构造为素土地面、无天棚、内外墙均为清水墙，其余同甲类。

单位：100 m^2

定额编号			D090172	D090173	D090174	D090175	D090176	D090177	D090178
项目			玻纤瓦屋面						
			砖柱、人字木屋架				捆绑结构		
			竹编外墙		竹席外墙				无外墙
			竹编内墙	无内墙	竹席内墙	无内墙	竹席内墙	无内墙	无内墙
名称	单位	代号	数量						
人工	工时	11010	1 058.00	966.00	892.80	869.80	968.80	915.40	840.70
竹席	m^2	24009	13.00	8.00	170.00	101.00	170.00	101.00	—
砖	千块	23038	1.90	1.90	1.90	1.90	—	—	—
杉杆	m^3	24006	—	—	—	—	5.49	6.35	3.91
慈竹	kg	24002	600.00	356.00	—	—	—	—	—
土料	m^3	23030	4.00	3.00	—	—	—	—	—
屋脊瓦	匹	23031	23.00	23.00	23.00	23.00	23.00	23.00	23.00
玻纤瓦	张	23040	125.00	125.00	125.00	125.00	125.00	125.00	125.00
板枋材	m^3	24001	4.68	3.95	4.14	3.63	0.48	0.48	0.48
混合砂浆	m^3	47005	0.90	0.90	0.90	0.90	—	—	—
其他机械费	%	11999	5.00	5.00	5.00	5.00	10.00	10.00	10.00

单位:100 m²

定额编号			D090179	D090180	D090181	D090182	D090183	D090184	D090185
项目			油毡竹席屋面						
			砖柱、人字木屋架				捆绑结构		
			竹编外墙		竹席外墙				无外墙
			竹编内墙	无内墙	竹席内墙	无内墙	竹席内墙	无内墙	无内墙
名称	单位	代号	数量						
人工	工时	11010	1 057.10	965.50	895.80	864.40	969.70	915.50	841.10
油毛毡	m²	21017	153.00	153.00	153.00	153.00	153.00	153.00	153.00
竹席	m²	24009	162.00	157.00	319.00	250.00	319.00	250.00	153.00
砖	千块	23038	1.90	1.90	1.90	1.90	—	—	—
杉杆	m³	24006	—	—	—	—	5.49	6.35	3.91
慈竹	kg	24002	600.00	356.00	—	—	—	—	—
土料	m³	23030	4.00	3.00	—	—	—	—	—
板枋材	m³	24001	4.55	3.82	4.01	3.50	0.36	0.36	0.36
混合砂浆	m³	47005	0.90	0.90	0.90	0.90	—	—	—
其他机械费	%	11999	10.00	10.00	10.00	10.00	15.00	15.00	15.00

工作内容:平整场地(厚度 0.2 m 以内)、基础、地坪、内外墙、门窗、屋架、屋面等。

单位:100 m²

定额编号			D090186
项目			活动板房
名称	单位	代号	数量
人工	工时	11010	81.50
塑钢窗	m²	27001	13.94
50 mm 双面彩钢岩棉板(彩钢板厚 0.3 mm)	m²	26001	162.05
50 mm 双面彩钢岩棉瓦(彩钢板厚 0.3 mm)	m²	26002	24.77
锯材	m³	24003	0.71
型钢	kg	20037	2 230.00
其他材料费	%	11997	15.00

9-23 施工临时围护

工作内容：装土编织袋填筑、钢管支撑架搭设、竹跳板绑扎。

单位：100 m^2

定额编号			D090187	D090188
项目			沙袋竹跳板围护	钢板围护
名称	单位	代号	数量	
人工	工时	11010	22.10	34.10
竹子	t	24010	1.80	—
黏土	m^3	23036	55.00	—
编织袋	个	21002	193.00	—
脚手架钢材	kg	44001	153.60	156.70
钢板	kg	20009	—	1 170.00
原木	m^3	24007	—	5.18
铁件	kg	22062	—	75.00
其他材料费	%	11997	1.00	2.00
汽车起重机 起重量 5.0 t	台时	04085	—	10.15
其他机械费	%	11999	—	1.00
注：本定额脚手架已考虑周转。				

10 材料运输

说 明

一、本章包括水泥、钢材、火工产品、砂石料人力及机械运输定额等共35节，主要适用于超远距离运输和转运。工作面50 m范围内的材料场内运输所需的人工、机械及费用，已包括在各定额子目中。

二、定额计量单位为100 t和100 m^3。块（片、毛）石、大卵石按码方，条石按清料方，砂、碎（砾、卵）石均以成品堆方计。

三、砂石料定额名称如下。

1. 砂：主要用作细骨料，指粗砂（细度模数MX为3.7～3.1）、中砂（细度模数MX为3.0～2.3）、细砂（细度模数MX为2.2～1.6）和特细砂（细度模数MX为1.5～0.7），包括河砂和山砂。

2. 碎（砾、卵）石：由天然岩石或卵石经破碎、筛分而得，是粒径为5.0 mm～40 mm的石料。

3. 块（片、毛）石、大卵石。

（1）块石：一般为爆破产物，上下面基本平行，修除尖角，蒲边。最小边尺寸不小于20 cm，最大边尺寸不超过最小边尺寸3.0倍，单块质量不超过150 kg，码方空隙率不大于35%。

（2）毛石：由爆破直接获得的石块。毛石是不成形的石料，处于开采以后的自然状态。它是岩石经爆破后所得形状不规则的石块，依其平整程度可分为乱毛石与平毛石。形状不规则的称为乱毛石，有两个大致平行面的称为平毛石。

（3）片石：指经开采选择所得的形状不规则的、边长一般不小于15 cm的石块。

（4）卵石：是风化岩石经水流长期搬运而成的粒径为15 cm的无棱角的天然石料。大于200 mm者则称漂石。

4. 条石：指人力开锲裂而得的长方体石料，长为60 cm～120 cm，高均为30 cm～40 cm，相邻面互相垂直，不扭、不翘、六面平整，根据加工情况分为毛条石、粗条石、清料石及拱石。

四、本章材料运输定额中的运输定额，适用于地质灾害防治工程中运输范围和超过适用距离乘以的系数见表10-1。

表10-1 材料运输定额适用距离

运输方式	适用距离	超过适用距离乘以下系数
人力搬、背、挑运，胶轮车	≤1.0 km	0.75
装载机	≤2.0 km	0.75
机动翻斗车、三轮卡车、拖拉机	≤5.0 km	0.75
载重汽车、自卸汽车	≤10 km	0.75

续表

运输方式	适用距离	超过适用距离乘以下系数
简易龙门式起重机	≤200 m	本定额为起重 30 t 以内、距离 200 m 以内简易龙门式起重机。如果超过 200 m,应选用其他型号简易龙门式起重机或用其他机械组合运输
缆索吊运	460 m	本定额为起重 10 t 以内、距离 460 m 以内缆索起重机。如果超过 460 m,应选用其他型号缆索起重机或用其他机械组合运输
骡马运输	≤5.0 km	0.75

五、本章节材料运输定额使用时根据工程施工组织设计所确定的路况条件,按路面宽度和道路面层类型(表 10－2、表 10－3),采取加权平均法求出整条道路的路况调整系数,调整定额数量。

表 10－2 路面宽度

行车车道	宽度路况调整系数
双车道	1.00
单车道	1.05
注:本表仅适用于汽车运输。	

表 10－3 道路面层

类别	面层类型	面层路况调整系数
1	水泥混凝土路面	1.00
	沥青混凝土路面	
	沥青油渣贯入式碎(砾)石路面	
2	泥结碎(砾)石	1.05
	级配碎(砾)石路面	
3	土石渣简易路面	1.08
注:本表仅适用于汽车运输。		

六、超远运距的运杂费仅能选用增运定额,转运的运杂费可选用装车、运输、卸料相关的定额。

10－1 人力运砂石料

工作内容：挖装、运输、卸除、堆存、空回。

单位：100 m³

定额编号			D100001	D100002	D100003	D100004	D100005	D100006	D100007	D100008
项目			装运卸 50 m				增运 10 m			
			砂	碎(砾、卵)石	块(片、毛)石、大卵石	条石	砂	碎(砾、卵)石	块(片、毛)石、大卵石	条石
名称	单位	代号	数量							
人工	工时	11010	194.20	287.60	305.70	424.90	20.10	26.00	30.20	44.00
零星材料费	%	11998	2.00	2.00	2.00	2.00	—	—	—	—

10－2 人工挑(抬)运砂石料

工作内容：挖装、运输、卸除、堆存、空回。

单位：100 m³

定额编号			D100009	D100010	D100011	D100012	D100013	D100014	D100015	D100016
项目			装运卸 50 m				增运 10 m			
			砂	碎(砾、卵)石	块(片、毛)石、大卵石	条石	砂	碎(砾、卵)石	块(片、毛)石、大卵石	条石
名称	单位	代号	数量							
人工	工时	11010	177.40	233.00	267.40	389.90	16.90	17.60	24.20	35.30
零星材料费	%	11998	4.40	5.90	4.40	3.50	—	—	—	—

10－3 骡马运输水泥、砂石料

工作内容：挖装、运输、卸除、堆存、空回。

单位：表列单位

定额编号			D100017	D100018	D100019	D100020	D100021	D100022
项目			装运卸 200 m					增运 100 m
			水泥	砂	碎(砾、卵)石	块(片、毛)石、大卵石	条石	水泥
			100 t	100 m^3				100 t
名称	单位	代号	数量					
人工	工时	11010	50.10	65.50	75.60	90.60	113.00	—
骡子	台时	11111	55.59	72.64	83.87	100.44	123.03	7.24
零星材料费	%	11998	2.00	2.00	2.00	2.00	2.00	—

单位：100 m^3

定额编号			D100023	D100024	D100025	D100026
项目			增运 100 m			
			砂	碎(砾、卵)石	块(片、毛)石、大卵石	条石
名称	单位	代号	数量			
骡子	台时	11111	9.45	10.92	13.07	15.99

10－4 人工装砂石料胶轮车运输

工作内容：挖装、运输、卸除、堆存、空回。

单位：100 m^3

定额编号			D100027	D100028	D100029	D100030	D100031	D100032	D100033	D100034
项目			装运卸 50 m				增运 50 m			
			砂	碎(砾、卵)石	块(片、毛)石、大卵石	条石	砂	碎(砾、卵)石	块(片、毛)石、大卵石	条石
名称	单位	代号	数量							
人工	工时	11010	116.90	167.40	188.00	273.80	20.90	24.10	30.50	51.30
零星材料费	%	11998	5.70	5.10	5.30	2.50	—	—	—	—
胶轮车	台时	03074	72.54	104.08	117.07	169.86	20.98	24.05	30.50	51.30

10－5　人力搬运水泥、钢材、火工产品

工作内容:运输、卸除、堆存。

适用范围:主要用于人工搬运水泥、钢材、火工产品等。

单位:100 t

定额编号			D100035	D100036	D100037	D100038	D100039	D100040
项目			搬运 50 m			每增运 10 m		
			水泥	钢材	火工产品	水泥	钢材	火工产品
名称	单位	代号	数量					
人工	工时	11010	129.60	168.80	194.60	12.00	16.00	18.40
零星材料费	%	11998	5.00	5.00	5.00	—	—	—

10－6　胶轮车运输水泥、钢材、火工产品

工作内容:装运、卸除、堆存。

单位:100 t

定额编号			D100041	D100042	D100043	D100044	D100045	D100046
项目			搬运 50 m			每增运 10 m		
			水泥	钢材	火工产品	水泥	钢材	火工产品
名称	单位	代号	数量					
人工	工时	11010	85.30	110.70	128.20	15.30	20.00	23.30
零星材料费	%	11998	5.00	5.00	5.00	—	—	—
胶轮车	台时	03074	52.68	69.15	79.52	15.25	20.13	23.43

10－7　人工搬运机械设备

工作内容:拆装、运输、卸除、堆存、装配。

适用范围:主要用于机械设备的搬运。

单位:10 t

定额编号			D100047	D100048
项目			人工搬运 50 m	每增运 10 m
名称	单位	代号	数量	
人工	工时	11010	209.00	35.60
零星材料费	%	11998	15.00	—
注:本定额仅适用于平地搬运,如搬运特别困难,建议按实际计算。				

10-8 简易龙门式起重机吊运水泥、砂石

工作内容：挖装、平运 200 m 以内、卸除。

单位：表列单位

定额编号			D100049	D100050	D100051	D100052	D100053
项目			水泥	砂	碎(砾、卵)石	块(片、毛)石、大卵石	条石
			100 t	100 m^3			
名称	单位	代号	数量				
人工	工时	11010	69.50	89.50	79.70	124.00	113.10
锯材	m^3	24003	0.13	0.18	0.21	0.33	0.30
铁件	kg	22062	12.07	7.30	8.46	13.18	12.03
其他材料费	%	11997	10.00	10.00	10.00	10.00	10.00
龙门式起重机 起重量 30 t	台时	04038	7.01	7.34	8.45	13.25	16.13
其他机械费	%	11999	10.00	10.00	10.00	10.00	10.00

10-9 装载机装运块石

工作内容：挖装、运输、卸除、空回。
适用范围：露天平地作业。

单位：100 m^3

定额编号			D100054	D100055	D100056	D100057	D100058	D100059
项目			装运卸 50 m			增运 10 m		
			砂	碎(砾、卵)石	块(片、毛)石、大卵石	砂	碎(砾、卵)石	块(片、毛)石、大卵石
名称	单位	代号	数量					
人工	工时	11010	10.00	13.00	18.10	—	—	—
零星材料费	%	11998	5.00	5.00	5.00	—	—	—
装载机 轮胎式 斗容 1.0 m^3	台时	01028	8.37	10.82	15.02	0.48	0.63	0.87
其他机械费	%	11999	1.50	1.50	1.50	—	—	—

10－10 人工装水泥、砂石三轮卡车运输

工作内容：挖装、运输、卸除、空回。
适用范围：露天平地作业。

单位：表列单位

定额编号			D100060	D100061	D100062	D100063	D100064	D100065
项目			运距 200 m					增运 10 m
			水泥	砂	碎(砾、卵)石	块(片、毛)石、大卵石	条石	水泥
			100 t	100 m^3				100 t
名称	单位	代号	数量					
人工	工时	11010	173.00	190.30	200.40	287.40	420.10	—
零星材料费	%	11998	1.00	1.00	1.00	1.00	1.00	—
三轮卡车	台时	03073	21.11	23.51	25.98	37.05	54.22	1.40
注：洞内运输，人工、机械乘以 1.25 的系数。								

单位：100 m^3

定额编号			D100066	D100067	D100068	D100069
项目			增运 100 m			
			砂	碎(砾、卵)石	块(片、毛)石、大卵石	条石
名称	单位	代号	数量			
三轮卡车	台时	03073	1.46	1.55	2.01	2.31

10－11 人工装机动翻斗车运砂

工作内容：装运、卸除、堆存、空回。
适用范围：露天平地作业。

单位：100 m^3

定额编号			D100070	D100071	D100072	D100073	D100074	D100075
项目			运距/m					每增运 100 m
			100	200	300	400	500	
名称	单位	代号	数量					
人工	工时	11010	91.30	91.60	91.80	91.40	91.40	—
零星材料费	%	11998	0.80	0.80	0.80	0.80	0.80	—
机动翻斗车 载重量 1.0 t	台时	03076	22.60	25.84	28.96	31.89	34.97	2.41

10－12 人工装机动翻斗车运碎(砾、卵)石

工作内容:装运、卸除、堆存、空回。
适用范围:露天平地作业。

单位:100 m^3

定额编号			D100076	D100077	D100078	D100079	D100080	D100081
项目			运距/m					每增运100 m
			100	200	300	400	500	
名称	单位	代号	数量					
人工	工时	11010	139.20	138.80	139.10	139.40	139.40	—
零星材料费	%	11998	0.60	0.60	0.60	0.60	0.60	—
机动翻斗车 载重量1.0 t	台时	03076	28.29	31.80	34.99	37.77	40.56	2.49

10－13 人工装机动翻斗车运块(片、毛)石、大卵石

工作内容:装运、卸除、堆存、空回。
适用范围:露天平地作业。

单位:100 m^3

定额编号			D100082	D100083	D100084	D100085	D100086	D100087
项目			运距/m					每增运100 m
			100	200	300	400	500	
名称	单位	代号	数量					
人工	工时	11010	183.00	182.90	182.60	183.20	183.60	—
零星材料费	%	11998	0.90	0.90	0.90	0.90	0.90	—
机动翻斗车 载重量1.0 t	台时	03076	32.80	36.12	39.29	42.01	45.03	2.48

10－14 人工装卸手扶式拖拉机运水泥

工作内容：挖装、运输、卸除、堆存、空回。
适用范围：露天平地作业。

单位：100 t

定额编号			D100088	D100089	D100090	D100091	D100092	D100093
项目			运距/m					每增运100 m
			100	200	300	400	500	
名称	单位	代号	数量					
人工	工时	11010	124.80	124.70	124.60	124.30	124.40	—
零星材料费	%	11998	0.60	0.60	0.60	0.60	0.60	—
拖拉机 手扶式 功率 11 kW	台时	01066	22.47	25.22	27.73	29.99	32.18	2.09

10－15 人工装卸手扶式拖拉机运砂

工作内容：挖装、运输、卸除、堆存、空回。
适用范围：露天平地作业。

单位：100 m^3

定额编号			D100094	D100095	D100096	D100097	D100098	D100099
项目			运距/m					每增运100 m
			100	200	300	400	500	
名称	单位	代号	数量					
人工	工时	11010	138.70	138.70	138.70	138.70	138.70	—
零星材料费	%	11998	0.60	0.60	0.60	0.60	0.60	—
拖拉机 手扶式 功率 11 kW	台时	01066	24.81	27.97	30.86	33.33	35.69	2.32

10－16 人工装卸手扶式拖拉机运碎(砾、卵)石

工作内容:挖装、运输、卸除、堆存、空回。
适用范围:露天平地作业。

单位:100 m³

定额编号			D100100	D100101	D100102	D100103	D100104	D100105
项目			运距/m					每增运100 m
			100	200	300	400	500	
名称	单位	代号	数量					
人工	工时	11010	204.50	204.50	204.50	204.50	204.50	—
零星材料费	%	11998	0.40	0.40	0.40	0.40	0.40	—
拖拉机 手扶式 功率 11 kW	台时	01066	37.26	40.77	44.07	46.99	49.90	2.49

10－17 人工装卸手扶式拖拉机运块(片、毛)石、大卵石

工作内容:挖装、运输、卸除、堆存、空回。
适用范围:露天平地作业。

单位:100 m³

定额编号			D100106	D100107	D100108	D100109	D100110	D100111
项目			运距/m					每增运100 m
			100	200	300	400	500	
名称	单位	代号	数量					
人工	工时	11010	219.20	219.20	219.20	219.20	219.20	—
零星材料费	%	11998	1.00	1.00	1.00	1.00	1.00	—
拖拉机 手扶式 功率 11 kW	台时	01066	44.76	44.35	51.73	55.02	57.62	2.56

10－18 人工装卸手扶式拖拉机运条石

工作内容：挖装、运输、卸除、堆存、空回。

适用范围：露天平地作业。

单位：100 m^3

定额编号			D100112	D100113	D100114	D100115	D100116	D100117
项目			运距/m					每增运100 m
			100	200	300	400	500	
名称	单位	代号	数量					
人工	工时	11010	488.60	488.60	488.60	488.60	488.60	—
零星材料费	%	11998	1.50	1.50	1.50	1.50	1.50	—
拖拉机 手扶式 功率 11 kW	台时	01066	85.79	90.61	96.16	99.64	104.28	3.62

10－19 人工装卸 2.0 t 载重汽车运输

工作内容：挖装、运输、卸除、堆存、空回。

适用范围：露天平地作业。

单位：表列单位

定额编号			D100118	D100119	D100120	D100121	D100122
项目			装运卸 1.0 km				
			水泥/t	钢材/t	油料/t	木材/m^3	条石/m^3
名称	单位	代号	数量				
人工	工时	11010	152.28	120.06	234.72	133.38	485.82
零星材料费	%	11998	5.00	5.00	5.00	5.00	5.00
载重汽车 载重量 2.0 t	台时	03001	41.40	34.62	59.57	39.03	100.50

单位:表列单位

定额编号			D100123	D100124	D100125	D100126	D100127
项目			增运 1.0 km				
			水泥	钢材	油料	木材	条石
			100 t			100 m^3	
名称	单位	代号	数量				
载重汽车 载重量 2.0 t	台时	03001	3.05	3.05	3.05	3.60	7.64

10-20 人工装卸 2.5 t 载重汽车运输

工作内容:挖装、运输、卸除、堆存、空回。

适用范围:露天平地作业。

单位:表列单位

定额编号			D100128	D100129	D100130	D100131	D100132
项目			装运卸 1.0 km				
			水泥	钢材	油料	木材	条石
			100 t			100 m^3	
名称	单位	代号	数量				
人工	工时	11010	135.36	106.72	208.64	118.56	431.84
零星材料费	%	11998	5.00	5.00	5.00	5.00	5.00
载重汽车 载重量 2.5 t	台时	03002	36.80	30.77	52.95	34.69	89.33

单位:表列单位

定额编号			D100133	D100134	D100135	D100136	D100137
项目			增运 1.0 km				
			水泥	钢材	油料	木材	条石
			100 t			100 m^3	
名称	单位	代号	数量				
载重汽车 载重量 2.5 t	台时	03002	2.71	2.71	2.71	3.20	6.79

10－21 人工装卸4.0 t载重汽车运输

工作内容:挖装、运输、卸除、堆存、空回。

适用范围:露天平地作业。

单位:表列单位

定额编号			D100138	D100139	D100140	D100141	D100142
项目			装运卸 1.0 km				
			水泥	钢材	油料	木材	条石
			100 t			100 m^3	
名称	单位	代号	数量				
人工	工时	11010	84.60	66.70	130.40	74.10	269.90
零星材料费	%	11998	5.00	5.00	5.00	5.00	5.00
载重汽车 载重量 4.0 t	台时	03003	23.00	19.23	33.09	21.68	55.83

单位:表列单位

定额编号			D100143	D100144	D100145	D100146	D100147
项目			增运 1.0 km				
			水泥	钢材	油料	木材	条石
			100 t			100 m^3	
名称	单位	代号	数量				
载重汽车 载重量 4.0 t	台时	03003	1.69	1.69	1.69	2.00	4.24

10－22 人工装卸5.0 t载重汽车运输

工作内容:挖装、运输、卸除、堆存、空回。

适用范围:露天平地作业。

单位:表列单位

定额编号			D100148	D100149	D100150	D100151	D100152
项目			装运卸 1.0 km				
			水泥	钢材	油料	木材	条石
			100 t			100 m^3	
名称	单位	代号	数量				
人工	工时	11010	76.14	60.03	117.36	66.69	242.91
零星材料费	%	11998	5.00	5.00	5.00	5.00	5.00
载重汽车 载重量 5.0 t	台时	03004	20.70	17.31	29.79	19.52	50.25

单位:表列单位

定额编号			D100153	D100154	D100155	D100156	D100157
项目			增运 1.0 km				
			水泥	钢材	油料	木材	条石
			100 t			100 m^3	
名称	单位	代号	数量				
载重汽车 载重量 5.0 t	台时	03004	1.53	1.53	1.53	1.80	3.82

10-23 人工装卸 6.5 t 载重汽车运输

工作内容:挖装、运输、卸除、堆存、空回。
适用范围:露天平地作业。

单位:表列单位

定额编号			D100158	D100159	D100160	D100161	D100162
项目			装运卸 1.0 km				
			水泥	钢材	油料	木材	条石
			100 t			100 m^3	
名称	单位	代号	数量				
人工	工时	11010	84.60	66.90	130.20	73.80	270.30
零星材料费	%	11998	5.00	5.00	5.00	5.00	5.00
载重汽车 载重量 6.5 t	台时	03005	17.86	14.85	26.20	16.77	43.72

单位:表列单位

定额编号			D100163	D100164	D100165	D100166	D100167
项目			增运 1.0 km				
			水泥	钢材	油料	木材	条石
			100 t			100 m^3	
名称	单位	代号	数量				
载重汽车 载重量 6.5 t	台时	03005	1.12	1.13	1.12	1.20	2.90

10－24 人工装卸8.0 t载重汽车运输

工作内容：挖装、运输、卸除、堆存、空回。

适用范围：露天平地作业。

单位：表列单位

定额编号			D100168	D100169	D100170	D100171	D100172
项目			装运卸1.0 km				
			水泥	钢材	油料	木材	条石
			100 t			100 m^3	
名称	单位	代号	数量				
人工	工时	11010	84.60	67.00	129.70	74.10	268.10
零星材料费	%	11998	5.00	5.00	5.00	5.00	5.00
载重汽车 载重量8.0 t	台时	03006	14.08	11.65	20.57	13.06	34.38

单位：表列单位

定额编号			D100173	D100174	D100175	D100176	D100177
项目			增运1.0 km				
			水泥	钢材	油料	木材	条石
			100 t			100 m^3	
名称	单位	代号	数量				
载重汽车 载重量8.0 t	台时	03006	0.81	0.81	0.81	0.88	2.17

10－25　人工装卸 10 t 载重汽车运输

工作内容：挖装、运输、卸除、堆存、空回。
适用范围：露天平地作业。

单位：表列单位

定额编号			D100178	D100179	D100180	D100181	D100182
项目			装运卸 1.0 km				
			水泥	钢材	油料	木材	条石
			100 t			100 m^3	
名称	单位	代号	数量				
人工	工时	11010	84.00	66.70	130.60	73.70	269.80
零星材料费	%	11998	5.00	5.00	5.00	5.00	5.00
载重汽车 载重量 10 t	台时	03007	11.92	9.93	17.53	10.93	29.17

单位：表列单位

定额编号			D100183	D100184	D100185	D100186	D100187
项目			增运 1.0 km				
			水泥	钢材	油料	木材	条石
			100 t			100 m^3	
名称	单位	代号	数量				
载重汽车 载重量 10 t	台时	03007	0.64	0.64	0.64	0.72	1.70

10－26　人工装3.5 t自卸汽车运输

工作内容：挖装、运输、卸除、堆存、空回。

适用范围：露天平地作业。

单位：100 m^3

定额编号			D100188	D100189	D100190	D100191	D100192	D100193
项目			装运卸1.0 km			增运1.0 km		
			砂	碎（砾、卵）石	块（片、毛）石、大卵石	砂	碎（砾、卵）石	块（片、毛）石、大卵石
名称	单位	代号	数量					
人工	工时	11010	119.00	215.60	147.30	—	—	—
零星材料费	%	11998	1.00	1.00	1.00	—	—	—
自卸汽车 载重量3.5 t	台时	03011	17.22	23.29	26.12	2.44	2.67	2.91

10－27　人工装5.0 t自卸汽车运输

工作内容：挖装、运输、卸除、堆存、空回。

适用范围：露天平地作业。

单位：100 m^3

定额编号			D100194	D100195	D100196	D100197	D100198	D100199
项目			装运卸1.0 km			增运1.0 km		
			砂	碎（砾、卵）石	块（片、毛）石、大卵石	砂	碎（砾、卵）石	块（片、毛）石、大卵石
名称	单位	代号	数量					
人工	工时	11010	119.10	215.60	148.20	—	—	—
零星材料费	%	11998	1.00	1.00	1.00	—	—	—
自卸汽车 载重量5.0 t	台时	03012	12.20	18.33	21.11	1.75	1.99	2.21

10－28　人工装 8.0 t 自卸汽车运输

工作内容：挖装、运输、卸除、堆存、空回。
适用范围：露天平地作业。

单位：100 m^3

定额编号			D100200	D100201	D100202	D100203	D100204	D100205
项目			装运卸 1.0 km			增运 1.0 km		
			砂	碎（砾、卵）石	块（片、毛）石、大卵石	砂	碎（砾、卵）石	块（片、毛）石、大卵石
名称	单位	代号	数量					
人工	工时	11010	119.40	217.60	148.00	—	—	—
零星材料费	%	11998	1.00	1.00	1.00	—	—	—
自卸汽车 载重量 8.0 t	台时	03013	8.80	13.58	16.92	1.08	1.24	1.38

10－29　1.0 m^3 装载机装 5.0 t 自卸汽车运输

工作内容：挖装、运输、卸除、空回。

单位：100 m^3

定额编号			D100206	D100207	D100208	D100209	D100210	D100211
项目			装运卸 1.0 km			增运 1.0 km		
			砂	碎（砾、卵）石	块（片、毛）石、大卵石	砂	碎（砾、卵）石	块（片、毛）石、大卵石
名称	单位	代号	数量					
人工	工时	11010	7.70	10.30	10.90	—	—	—
零星材料费	%	11998	1.00	2.00	2.00	—	—	—
装载机 轮胎式 斗容 1.0 m^3	台时	01028	1.45	1.94	2.04	—	—	—
推土机 功率 74 kW	台时	01043	0.73	—	—	—	—	—
推土机 功率 88 kW	台时	01044	—	0.98	1.02	—	—	—
自卸汽车 载重量 5.0 t	台时	03012	9.30	11.02	12.25	2.03	2.29	2.51

10－30　1.0 m³ 装载机装 8.0 t 自卸汽车运输

工作内容：挖装、运输、卸除、空回。

单位：100 m³

定额编号			D100212	D100213	D100214	D100215	D100216	D100217
项目			装运卸 1.0 km			增运 1.0 km		
			砂	碎(砾、卵)石	块(片、毛)石、大卵石	砂	碎(砾、卵)石	块(片、毛)石、大卵石
名称	单位	代号	数量					
人工	工时	11010	7.70	10.30	10.90	—	—	—
零星材料费	%	11998	1.00	2.00	2.00	—	—	—
装载机 轮胎式 斗容 1.0 m³	台时	01028	1.45	1.94	2.04	—	—	—
推土机 功率 74 kW	台时	01043	0.74	—	—	—	—	—
推土机 功率 88 kW	台时	01044	—	0.98	1.02	—	—	—
自卸汽车 载重量 8.0 t	台时	03013	6.32	7.65	8.35	1.28	1.44	1.57

10－31　1.0 m³ 装载机装 10 t 自卸汽车运输

工作内容：挖装、运输、卸除、空回。

单位：100 m³

定额编号			D100218	D100219	D100220	D100221	D100222	D100223
项目			装运卸 1.0 km			增运 1.0 km		
			砂	碎(砾、卵)石	块(片、毛)石、大卵石	砂	碎(砾、卵)石	块(片、毛)石、大卵石
名称	单位	代号	数量					
人工	工时	11010	7.70	10.30	10.90	—	—	—
零星材料费	%	11998	1.00	2.00	2.00	—	—	—
装载机 轮胎式 斗容 1.0 m³	台时	01028	1.46	1.96	2.03	—	—	—
推土机 功率 74 kW	台时	01043	0.73	—	—	—	—	—
推土机 功率 88 kW	台时	01044	—	0.97	1.02	—	—	—
自卸汽车 载重量 10 t	台时	03015	5.91	6.65	7.52	1.08	1.25	1.48

10－32 1.0 m³ 挖掘机装 5.0 t 自卸汽车运输

工作内容:挖装、运输、卸除、空回。

单位:100 m³

定额编号			D100224	D100225	D100226	D100227
项目			装运卸 1.0 km		增运 1.0 km	
			砂	碎(砾、卵)石	砂	碎(砾、卵)石
名称	单位	代号	数量			
人工	工时	11010	5.80	10.00	—	—
零星材料费	%	11998	1.00	2.00	—	—
单斗挖掘机 液压斗容 1.0 m³	台时	01009	0.88	1.47	—	—
推土机 功率 74 kW	台时	01043	0.44	—	—	—
推土机 功率 88 kW	台时	01044	—	0.74	—	—
自卸汽车 载重量 5.0 t	台时	03012	8.58	10.48	2.03	2.31

10－33 1.0 m³ 挖掘机装 8.0 t 自卸汽车运输

工作内容:挖装、运输、卸除、空回。

单位:100 m³

定额编号			D100228	D100229	D100230	D100231
项目			装运卸 1.0 km		增运 1.0 km	
			砂	碎(砾、卵)石	砂	碎(砾、卵)石
名称	单位	代号	数量			
人工	工时	11010	5.80	10.00	—	—
零星材料费	%	11998	1.00	2.00	—	—
单斗挖掘机 液压斗容 1.0 m³	台时	01009	0.88	1.47	—	—
推土机 功率 74 kW	台时	01043	0.44	—	—	—
推土机 功率 88 kW	台时	01044	—	0.74	—	—
自卸汽车 载重量 8.0 t	台时	03013	5.69	7.11	1.28	1.44

10－34　1.0 m³ 挖掘机装 10 t 自卸汽车运输

工作内容：挖装、运输、卸除、空回。

单位：100 m³

定额编号			D100232	D100233	D100234	D100235
项目			装运卸 1.0 km		增运 1.0 km	
			砂	碎(砾、卵)石	砂	碎(砾、卵)石
名称	单位	代号	数量			
人工	工时	11010	5.80	10.00	—	—
零星材料费	%	11998	1.00	2.00	—	—
单斗挖掘机 液压斗容 1.0 m³	台时	01009	0.87	1.48	—	—
推土机 功率 74 kW	台时	01043	0.44	—	—	—
推土机 功率 88 kW	台时	01044	—	0.74	—	—
自卸汽车 载重量 10 t	台时	03015	5.33	6.69	1.07	1.31

10－35　缆索吊运材料

工作内容：装料、吊运、卸料。

单位：表列单位

定额编号			D100236	D100237	D100238	D100239	D100240	D100241
项目			水泥			砂		
			100 t			100 m³		
			提升 30 m 以下，平行 50 m 以下	提升每增 10 m	平行每增 50 m	提升 30 m 以下，平行 50 m 以下	提升每增 10 m	平行每增 50 m
名称	单位	代号	数量					
人工	工时	11010	67.00	0.60	1.90	73.60	0.60	1.70
零星材料费	%	11998	5.00	5.00	5.00	5.00	5.00	5.00
吊斗(桶) 斗容 2.0 m³	台时	01138	4.16	0.44	0.54	4.65	0.50	0.61
缆索起重机 平移式 起重量×跨距 10 t×460 m	台时	04001	4.16	0.44	0.54	4.65	0.50	0.61

工作内容：吊运、运输、卸料

单位：100 m³

定额编号			D100242	D100243	D100244
项目			混凝土		
			提升 30 m 以下，平行 50 m 以下	提升每增 10 m	平行每增 50 m
名称	单位	代号	数量		
人工	工时	11010	27.00	0.70	1.90
零星材料费	%	11998	5.00	5.00	5.00
混凝土罐 容积 3.0 m³	台时	02078	5.17	0.55	0.68
缆索起重机 平移式 起重量×跨距 10 t×460 m	台时	04001	5.17	0.55	0.68

工作内容：装料、吊运、运输、卸料。

单位：100 m³

定额编号			D100245	D100246	D100247	D100248	D100249	D100250
项目			碎(砾、卵)石			块(片、毛)石、大卵石		
			提升 30 m 以下，平行 50 m 以下	提升每增 10 m	平行每增 50 m	提升 30 m 以下，平行 50 m 以下	提升每增 10 m	平行每增 50 m
名称	单位	代号	数量					
人工	工时	11010	86.10	0.80	2.10	122.70	0.90	2.50
零星材料费	%	11998	5.00	5.00	5.00	5.00	5.00	5.00
吊斗(桶) 斗容 2.0 m³	台时	01138	5.69	0.62	0.75	6.82	0.74	0.89
缆索起重机 平移式 起重量×跨距 10 t×460 m	台时	04001	5.69	0.62	0.75	6.82	0.74	0.89

附 录 A
土石方松实系数换算表

表 A.1 土石方松实系数换算表

项目	自然方	松方	实方	码方
土方	1	1.33	0.85	—
石方	1	1.53	1.31	—
砂方	1	1.07	0.94	—
混合料	1	1.19	0.88	—
块石	1	1.75	1.43	1.67

注 1:松实系数是指土石料体积的比例关系,供一般土石方工程换算时参考。

注 2:块石实方指堆石坝坝体方,块石松方即块石堆方。

附　录　B
一般工程土类分级表

表 B.1　一般工程土类分级表

土质级别	土质名称	坚固系数 f	自然温容重 /kg·m^{-3}	外形特征	鉴别方法
Ⅰ	1.砂土 2.种植土	0.50～0.60	16.19～17.17	疏松，黏着力差或易透水，略有黏性	用锹或略加脚踩开挖
Ⅱ	1.壤土 2.淤泥 3.含壤种植土	0.60～0.80	17.17～18.15	开挖时能成块，并易打碎	用锹时需用脚踩开挖
Ⅲ	1.黏土 2.干燥黄土 3.干淤泥 4.含少量砾石黏土	0.80～1.00	17.66～19.13	黏手，看不见砂粒或干硬	用锹时需用力加脚踩开挖
Ⅳ	1.坚硬黏土 2.砾质黏土 3.含卵石黏土	1.00～1.50	18.64～20.60	土壤结构坚硬，将土分裂后成块状或含黏粒砾石较多	用镐，三齿耙撬挖

附 录 C
岩石类别分级表

表 C.1 岩石类别分级表

岩石级别	岩石名称	实体岩石自然湿度时的平均容重/kN·m^{-3}	净钻时间/min·m^{-1} 用直径 30 mm 合金钻头,凿岩机打眼(工作气压为 0.46 MPa)	极限抗压强度/MPa	坚固系数 f
Ⅴ	1. 砂藻土及软的白垩	14.72	≤3.50 (淬火钻头)	≤19.61	1.50～2.00
	2. 硬的石炭纪的黏土	19.13			
	3. 胶结不紧的砾岩	18.64～21.58			
	4. 各种不坚实的页岩	19.62			
Ⅵ	1. 软的、有孔隙的、节理多的石灰岩及贝壳石灰岩	21.58	(3.50～4.50) (淬火钻头)	19.61～39.23	2.00～4.00
	2. 密实的白垩	25.51			
	3. 中等坚实的页岩	26.49			
	4. 中等坚实的泥灰岩	22.56			
Ⅶ	1. 水成岩卵石经石灰质胶结而成的砾石	21.58	6.00 (4.50～7.00) (淬火钻头)	39.23～58.84	4.00～6.00
	2. 风化的节理多的黏土质砂岩	21.58			
	3. 坚硬的泥质页岩	27.47			
	4. 坚实的泥灰岩	24.53			
Ⅷ	1. 角砾状花岗岩	22.56	6.80 (5.70～7.70)	58.84～78.46	6.00～8.00
	2. 泥灰质石灰岩	22.56			
	3. 黏土质砂岩	21.58			
	4. 云母页岩及砂质页岩	22.56			
	5. 硬石膏	28.45			
Ⅸ	1. 软的花岗岩、片麻岩及正常岩	24.53	8.50 (7.80～9.20)	78.46～98.07	8.00～10.00
	2. 滑石质的蛇纹岩	23.54			
	3. 密实的石灰岩	24.53			
	4. 水成岩卵石经硅质胶结的砾岩	24.53			
	5. 砂岩	24.53			
	6. 砂质石灰质的页岩	24.53			

表 C.1　岩石类别分级表(续)

岩石级别	岩石名称	实体岩石自然湿度时的平均容重/kN·m^{-3}	净钻时间/min·m^{-1} 用直径 30 mm 合金钻头,凿岩机打眼(工作气压为 0.46 MPa)	极限抗压强度/MPa	坚固系数 f
Ⅹ	1. 白云岩	26.49	10.00 (9.30～10.80)	98.07～117.68	10.00～12.00
	2. 坚实的石灰岩	26.49			
	3. 大理石	26.49			
	4. 石灰质胶结的、致密的砂岩	25.51			
	5. 坚硬的砂质页岩	25.51			
Ⅺ	1. 粗粒花岗岩	27.47	11.20 (10.90～11.50)	117.68～137.30	12.00～14.00
	2. 特别坚实的白云岩	28.45			
	3. 蛇纹岩	25.51			
	4. 火成岩卵石经石灰质胶结的砾岩	27.47			
	5. 石灰质胶结的、坚实的砂岩	26.49			
	6. 粗粒正长岩	26.49			
Ⅻ	1. 有风化痕迹的安山岩及玄武岩	26.49	12.20 (11.60～13.30)	137.30～156.91	14.00～16.00
	2. 片麻岩、粗面岩	25.51			
	3. 特别坚实的石灰岩	28.45			
	4. 火成岩卵石经硅质胶结的砾岩	25.51			
ⅩⅢ	1. 中粒花岗岩	30.41	14.10 (13.10～14.80)	156.91～176.53	16.00～18.00
	2. 坚实的片麻岩	27.47			
	3. 辉绿岩	26.49			
	4. 玢岩	24.53			
	5. 坚实的粗面岩	27.47			
	6. 中粒正常岩	27.47			
ⅩⅣ	1. 特别坚实的细粒花岗岩	32.37	15.50 (14.90～18.20)	176.53～196.14	18.00～20.00
	2. 花岗片麻岩	28.45			
	3. 闪长岩	28.45			
	4. 最坚实的石灰岩	30.41			
	5. 坚实的玢岩	26.49			

表 C.1　岩石类别分级表(续)

岩石级别	岩石名称	实体岩石自然湿度时的平均容重/kN·m^{-3}	净钻时间/min·m^{-1} 用直径 30 mm 合金钻头，凿岩机打眼(工作气压为 0.46 MPa)	极限抗压强度/MPa	坚固系数 f
XV	1. 安山岩、玄武岩、坚实的角闪岩	30.41	20.00 (18.30～24.00)	196.14～245.18	20.00～25.00
	2. 最坚实的辉绿岩及闪长岩	28.45			
	3. 坚实的辉长岩及石英岩	27.47			
XVI	1. 钙钠长石质橄榄石质玄武岩	32.37	>24.00	>245.18	>25.00
	2. 特别坚实的辉长岩、辉绿岩、石英岩及玢岩	29.43			

附　录　D
岩石十二类分级与十六类分级对照表

表 D.1　岩石十二类分级与十六类分级对照表

十二类分级			十六类分级		
岩石级别	可钻性/m·h^{-1}	一次提钻长度 /m	岩石级别	可钻性/m·h^{-1}	一次提钻长度 /m
Ⅳ	1.60	1.70	Ⅴ	1.60	1.70
Ⅴ	1.15	1.50	Ⅵ Ⅶ	1.20 1.00	1.50 1.40
Ⅵ	0.82	1.30	Ⅷ	0.85	1.30
Ⅶ	0.57	1.10	Ⅸ Ⅹ	0.72 0.55	1.20 1.10
Ⅷ	0.38	0.85	Ⅺ	0.38	0.85
Ⅸ	0.25	0.65	Ⅻ	0.25	0.65
Ⅹ	0.15	0.50	XⅢ XⅣ	0.18 0.13	0.55 0.40
Ⅺ	0.09	0.32	XⅤ	0.09	0.32
Ⅻ	0.045	0.16	XⅥ	0.045	0.16

附　录　E
钻机钻孔工程地层分类与特征表

表 E.1　钻机钻孔工程地层分类与特征表

地层名称	特征
1. 黏土	塑性指数大于 17，人工回填压实或天然的黏土层，包括黏土含石
2. 砂壤土	塑性指数大于 1.0 且小于等于 17，人工回填压实或天然的砂壤土层，包括土砂、壤土、砂土互层、壤土含石和砂土
3. 淤泥	包括天然孔隙比大于 1.5 时的淤泥和天然孔隙比大于 1.0 并且小于等于 1.5 的黏土和亚黏土
4. 粉细砂	$d50\leqslant 0.25$ mm，塑性指数小于等于 1.0，包括粉砂、粉细砂含石
5. 中粗砂	0.25 mm$<d50\leqslant$2.0 cm，包括中粗砂含石
6. 砾石	粒径 2.0 mm～20 mm 的颗粒占全重 50%的地层，包括砂砾石和砂砾
7. 卵石	粒径 2.0 mm～200 mm 的颗粒占全重 50%的地层，包括砂砾卵石
8. 漂石	粒径 200 mm～800 mm 的颗粒占全重 50%的地层，包括漂卵石
9. 混凝土	指水下浇筑，龄期不超过 28 天的防渗墙接头混凝土
10. 基岩	指全风化、强风化、弱风化的岩石
11. 孤石	粒径大于 800 mm 需作专项处理，处理后的孤石按基岩定额计算
注：1、2、3、4、5 项包括含石量小于等于 50%的地层。	

附 录 F
岩石十六类分级与坚硬程度等级分级对照表

表 F.1 岩石十六类分级与坚硬程度等级分级对照表

十六类分级	坚硬程度等级分级
岩石级别	坚硬程度等级
Ⅴ～Ⅷ	软岩或极软岩
Ⅸ～Ⅹ	较软岩
Ⅺ～Ⅻ	较硬岩
XⅢ～XⅣ	坚硬岩
注：本表参考岩石十六类分级与《岩土工程勘察规范》(GB 50021—2001)(2009 年)中的岩石坚硬强度等级对照表。	

附　录　G
岩石坚硬程度等级的定性分类表

表 G.1　岩石坚硬程度等级的定性分类表

坚硬程度等级		定性鉴定	代表性岩石
硬质岩	坚硬岩	锤击声清脆，有回弹，震手，难击碎，基本无吸水反应	未风化—微风化的花岗岩、闪长岩、辉绿岩、玄武岩、安山岩、片麻岩、石英岩、石英砂岩、硅质砾岩、硅质石灰岩等
	较硬岩	锤击声较清脆，有轻微回弹，稍震手，较难击碎，有轻微吸水反应	1. 微风化的坚硬岩 2. 未风化—微风化的大理岩、板岩、石灰岩、白云岩、钙质砂岩等
软质岩	较软岩	锤击声哑，无回弹，有凹痕，易击碎，浸水后手可掰开	1. 强风化的坚硬岩或较硬岩 2. 中等风化—强风化的较软岩 3. 未风化—微风化的页岩、泥岩、泥质砂岩等
	软岩	锤击声哑，无回弹，有较深凹痕，手可捏碎，浸水后可捏成团	1. 全风化的各种岩石 2. 各种半成岩
极软岩		锤击声哑，无回弹，有较深凹痕，手可捏碎，浸水后可捏成团	1. 全风化的各种岩石 2. 各种半成岩

注：本表参考《岩土工程勘察规范》(GB 50021—2001)(2009 年)中的附录 A。